作者简介

任福全 （1953-）河北工业大学马克思主义学院教授，研究方向为马克思主义理论与思想政治教育。

吴德义 （1964-）历史学博士、天津师范大学历史文化学院教授。研究方向为中国古代史。发表论文数十篇，独撰、参编著作多部，主持省部级哲学社会科学项目两项。

左守秋 （1964-）河北工业大学哲学教研室、政治文明与伦理行政研究所副教授，主要著作《意识形态与社会主义市场经济研究》。

中国书籍·学术之星文库

中国德治思想与政治实践

任福全　吴德义　左守秋◎著

中国书籍出版社
China Book Press

图书在版编目（CIP）数据

中国德治思想与政治实践/任福全，吴德义，左守秋著．
—北京：中国书籍出版社，2017.3
ISBN 978-7-5068-6063-5

Ⅰ.①中⋯　Ⅱ.①任⋯②吴⋯③左⋯　Ⅲ.①政治伦理学—研究—中国　Ⅳ.①B82-051

中国版本图书馆 CIP 数据核字（2017）第 026391 号

中国德治思想与政治实践

任福全　吴德义　左守秋　著

责任编辑	李雯璐
责任印制	孙马飞　马　芝
封面设计	中联华文
出版发行	中国书籍出版社
地　　址	北京市丰台区三路居路 97 号（邮编：100073）
电　　话	（010）52257143（总编室）　（010）52257153（发行部）
电子邮箱	eo@china.com.cn
经　　销	全国新华书店
印　　刷	北京彩虹伟业印刷有限公司
开　　本	710 毫米×1000 毫米　1/16
字　　数	215 千字
印　　张	14.5
版　　次	2017 年 4 月第 1 版　2017 年 4 月第 1 次印刷
书　　号	ISBN 978-7-5068-6063-5
定　　价	68.00 元

版权所有　翻印必究

前 言

"德治"思想及其指导下的政治实践,贯穿了中国历朝历代的执政史,无论是两千多年的封建社会还是六十余年的社会主义初级阶段,这一治国模式都在不断进行着理论探索和实践创新,成为世界东方大国治国安邦的显著特征。

当前,面对世界各国的政治风云变幻,面对一些曾领跑世界的大国所出现的政治动荡和衰落,面对众多国家施政方略所引起的民怨沸腾,而我中国政局之岿然不动,独领风骚,我们愈加感到中国模式的独特魅力。以"德治"思想为核心的治国方略,正为中国这艘未来的世界"超级航母"保驾护航。也正是受此鼓舞,我们怀着极大的热情潜心研究中国"德治"思想的变迁,研究这一思想指导下的政治实践日臻成熟的历程,以期对新一代中央领导集体的"以德治国"方略有更加成熟的理性认识。

坚持把伦理道德与政治相结合的"德治",是中国政治思想家、政治活动家有别于西方思想家、政治家的独到之处。追溯历史,我们不难发现中国历代思想家、统治者都以伦理道德作为政治统治的基础,主张依靠道德治理国家,即德治。德治思想作为一种政治理念长时期被凸显,并被运用到治国理政的实践之中,奠基了中国社会的政治模式。

早在奴隶社会的商时就有"天德"之说,统治者用"天德"来为自己的统治行为作注,开明的政治家用"天德"来规劝过于贪暴的统治者。先秦的儒家是德治论的最有力倡导者,并且形成了系统的德治思想。孔子认为,治理国家离不开道德,上至君主、下至一般驭民之官吏,具有良好的道德是其从事治理工作最起码的条件。在刑治与德治的关系问题上，孔子一直坚持把德治放在首位，认为德治要比刑治高明得多，并且德治所产生的效果也要久远得多。孔子还提出了实现德治的具体做法，如君主要先身体力行起到表率示范作用，要先克制自己的欲望，要节俭勤于政事等等。孔子的有关德治的主张，被后来的思想家、政治家所继承，并发扬光大，使德治思想不断得到充实发展和完善。

  孟子和荀子继承并发展了孔子的德治思想。他们倡导通过道德的修养达到王道仁政。面对当时纷争混战而民不聊生的现实，孟子提出"行仁政"的主张，他根据政治实现的方式，即崇德还是尚力，分为王道政治和霸道政治。王道政治就是行仁政，以德养民，以德教民，以德服天下。霸道政治就是行暴政，武力征伐，争夺抢掠，以力服人。孟子明确反对霸道，反对法家的政治主张，主张德治，从而将孔子的"德政"思想发展成为自己最核心最根本的具有完整体系的政治理论"仁政谋略"。荀子不仅继承了孔子的德治思想，还进一步地把德治发展为礼治，主张"礼"是一切言行和事件的最高准则，用"礼"约束人民，人民就会顺从；用"礼"规范君主，君主就会英明，违背了这个规律就会丧失一切。

  以霸道政治为治国主旨的秦朝顷刻间的土崩瓦解，更加证明了"德治"的正确性。继秦而起的汉朝重视总结秦朝灭亡的教训，严厉批判法家严刑峻法的思想，董仲舒继承和发展了自孔子以来德主刑辅的政治思想，突出强调了以道德教化作为治国的重要工具。自汉以后，"为政以德""以礼教治天下"几乎是每一个朝代所推崇的治国理论，德主刑辅成为中国封建统治的基本范式。这一基本范式对于维护封建统治秩序，发展封建经济，创造中华文明起到了不可磨灭的作用。

  中国传统的"德治"思想，也为进入社会主义时期的中国政治实践提供了理论依据。新中国建立后，谙熟中国历史文化的毛泽东，以马克思主义唯物史观为指导，批判了儒家"仁政"思想的虚伪性，继承了传统"德治"思想的合理内核，形成了无产阶级的"仁政"观，他强调党员的道德修养，强调人的思想、品质的作用，重视社会思想道德建设，并把它作为治党治国的执政方略，形成了独具特色的德治方略。

改革开放以后，面对复杂的国内政治经济形势，特别是市场经济下的特殊情况，邓小平继续坚持"以德治国"方略，指出社会主义以德治国不能与传统德治思想相割裂，要看到传统德治思想中蕴涵的超越历史具有恒常生命力的积极因素，并把它作为我们目前以德治国的文化营养和思想渊源；同时对阻碍社会主义以德治国进程和中国社会进一步发展的封建思想糟粕又必须加以摈弃。

以江泽民为核心的党的第三代中央领导集体，在我国社会经济步入新的发展时期更加重视"德治"在治国方略中的重要地位，并把依法治国与以德治国紧密结合。2000年6月江泽民《在中央思想政治工作会议上的讲话》中首次提出了"德治"的概念，指出："法律与道德作为上层建筑的组成部分，都是维护社会秩序、规范人们思想和行为的重要手段，它们互相联系、互相补充。法治以其权威性和强制手段规范社会成员的行为。德治以其说服力和劝导力提高社会成员的思想认识和道德觉悟。道德规范和法律规范应该互相结合，统一发挥作用。"

以胡锦涛为总书记的党中央领导集体，在我国处在改革开放和现代化建设新时期，高瞻远瞩地指出在建立社会主义市场经济体制过程中，必须吸取传统儒家"德治"思想之精华，加强社会主义精神文明和道德伦理建设，利用社会主义道德伦理调整个人之间、个人与社会之间行为的广泛社会性和共同规范性的特点，寻求法治和德治的最佳结合点，确保道德的说服力和劝导力，确保法律的威慑力和震撼力，让法的强力保障与德的教化力量内外结合，建设社会主义和谐社会。

"以德治国"思想的提出，明确了道德建设在治理国家中的基础性地位，标志着党的治国思想进一步完善和成熟。"以德治国"方略，不是要取消或弱化"依法治国"，而是通过继承和汲取我国传统德治思想文化，积极学习和借鉴西方国家在公德建设上的成功经验，发扬光大社会主义的社会价值观和伦理道德资源，从而使"依法治国"和"以德治国"在党领导中国社会主义改革开放和现代化建设的伟大实践中，相辅相成，彼此促进。

本课题属于天津市哲学社会科学立项课题研究成果，课题名称与编号为中国古代德治思想与政治实践（编号：0100042）。该课题研究成果是集体智慧的结晶，参加本课题资料收集、讨论、写作的人员有：任福全、吴德义、左守秋、倪春莉、郭尉超、牛景丽、康民军、王璐、陈红玉、路淑稳、王新爱、邢明丽、刘永春、谷春娟、郑亚男、孙奎霞、赵小彬、马瑞娜、李玲、韩微、周其和等。在研究写作过程中参考了许多专家和学者的文献，在此表示感谢。此书能够顺利出版，得到了曹晓明教授的大力支持和帮助，在此我们也对他表示崇高的敬意和衷心的感谢！

任福全、吴德义、左守秋
2011 年 8 月 15 日

目录
CONTENTS

前　言 …………………………………………………………… 1

上篇　中国古代德治思想的演变与政治实践

第一章　中国古代德治思想的萌芽、成熟与完善 ………………… 3
一、萌芽于原始社会末期的先王崇拜与德治思想　　／ 3
二、夏、商、周时期德治思想的初步形成与发展　　／ 7
三、春秋战国时期德治思想的成熟与演变　　／ 7
四、儒家德治思想的基本内涵　　／ 12

第二章　中国古代德治思想下的政治实践 …………………………… 23
一、殷商之际德治思想下的政治实践　　／ 23
二、春秋战国时期德治思想下的政治实践　　／ 26
三、秦汉时期德治思想下的政治实践　　／ 30
四、唐宋时期德治思想下的政治实践　　／ 36
五、明清时期德治思想下的政治实践　　／ 42

第三章　中国传统"德治"理论与政治实践的定位 ········ 49
　一、中国传统德治理论的"生态"定位　　　　　　　　　/ 49
　二、中国传统德治理论的内在结构　　　　　　　　　　/ 52
　三、中国传统德治理论的辩证法　　　　　　　　　　　/ 57

第四章　中国古代德治思想的历史贡献及局限性 ········ 61
　一、古代德治思想的历史贡献与进步意义　　　　　　　/ 61
　二、古代德治思想的历史局限性　　　　　　　　　　　/ 66

第五章　我国古代德治理论与政治实践对今人的启示 ······ 71
　一、中国古代德治思想是中国传统政治文化的重要组成部分　/ 71
　二、中国古代德治思想与政治实践的特点　　　　　　　/ 73

中篇　中国现代德治思想的演变与政治实践

第六章　毛泽东德治思想与政治实践 ················ 89
　一、毛泽东德治思想形成的渊源　　　　　　　　　　　/ 89
　二、毛泽东德治思想的主要内容　　　　　　　　　　　/ 92
　三、毛泽东德治思想的现实意义　　　　　　　　　　　/ 96

第七章　邓小平德治思想与政治实践 ················ 100
　一、邓小平德治思想的理论基础　　　　　　　　　　　/ 100
　二、邓小平德治思想是对中国传统德治思想的科学扬弃　/ 101
　三、邓小平德治思想的主要内容　　　　　　　　　　　/ 102
　四、邓小平德治思想的现实意义　　　　　　　　　　　/ 109

第八章　江泽民德治思想与政治实践 ················ 111
　一、江泽民德治思想是对中国传统德治思想的扬弃　　　/ 111
　二、"以德治国"和"依法治国"相结合是江泽民德治思想的
　　　战略基点　　　　　　　　　　　　　　　　　　　/ 114

三、"以德治党""以德治政"是江泽民德治思想的核心内涵 / 116
四、"以德育人"是江泽民德治思想的价值目标 / 118

第九章 胡锦涛德治思想与政治实践 …… 121
一、胡锦涛德治思想是对古今中外德治思想的借鉴与创新 / 121
二、以人为本的科学发展观是胡锦涛德治思想的价值理念 / 123
三、求真务实是胡锦涛德治思想与实践的精神实质 / 125
四、社会主义核心价值体系是胡锦涛德治思想的核心内容 / 128
五、构建社会主义和谐社会是胡锦涛德治思想的目标模式 / 130
六、胡锦涛德治思想体现的价值原则、认识原则和实践原则 / 132
七、胡锦涛德治思想的实践 / 135

下篇 新时期社会主义道德建设的着眼点与着力点

第十章 中华民族传统美德与公民道德建设 …… 141
一、中华民族传统美德的形成、发展及其基本内涵 / 141
二、新时期弘扬中华民族传统美德的重要性 / 145
三、加强公民道德建设的几点思考 / 148

第十一章 以德治国必须加强家庭美德建设 …… 151
一、家庭美德的传承与发展 / 151
二、家庭美德的功能和作用 / 155
三、家庭美德建设的现状及问题 / 160
四、开展家庭美德建设的建议与思考 / 161

第十二章 以德治国必须加强职业道德建设 …… 164
一、职业道德的由来及在现代社会的重要性 / 164
二、我国职业道德现状分析 / 172
三、加强职业道德建设的思考 / 175

第十三章 以德治国必须加强社会公德建设 …… 178
一、对社会公德的基本理解 / 179
二、转型期凸显的社会公德问题 / 180
三、公德困境的成因分析 / 181
四、关于社会公德建设的一些思考 / 185

第十四章 以德治国与构建社会主义和谐社会 …… 189
一、中国古代哲学中的德治思想与构建社会主义和谐社会 / 189
二、当代以德治国思想与构建社会主义和谐社会 / 195
三、以德治国思想与构建社会主义和谐社会相互统筹、互为目的 / 198

第十五章 21世纪中国德治理论与政治实践的战略设计 …… 201
一、发达资本主义国家治国战略的历史考察 / 201
二、市场经济条件下中国治国战略面临的历史性挑战 / 208
三、21世纪中国德治理论与实践的战略设计 / 209

参考文献 …… 216

上篇 01

中国古代德治思想的演变与政治实践

第一章

中国古代德治思想的萌芽、成熟与完善

在中国特殊的社会环境里生长起来的德治理论，也随着其赖以产生的土壤的变化而不断地在理论和实践上发生着变迁。早在夏、商、周之前，德治思想就已萌芽。及至商、周之后，德治的雏形"礼治"渐成时尚，至西周周公旦初步提出"德治"，而集德治思想之大成，最早系统论述以德治国理念的是孔、孟。儒家德治思想被地主阶级采用和改造后，定型于两汉时期的董仲舒，完善于包括韩愈、朱熹在内的唐宋以来诸多的思想家，作为主导治国理论历经时代洗礼而日臻完善。伴随半殖民地半封建社会的中断，社会主义初期对于法治的强调，提出的"以德治国"，是对古代德治传统富于时代精神的发扬和超越。

一、萌芽于原始社会末期的先王崇拜与德治思想

先王崇拜是中国古代社会普遍存在的文化现象，无论是统治者、思想家还是普通百姓，都将先王视作完美无缺的人格象征。崇拜先王、效法先王已内化为华夏民族深层的意识形态，并由此而形成独具特色的德治思想传统，深刻地影响中国古代政治数千年之久。

先秦时期的先王崇拜是由祖先崇拜衍化而来的。在原始社会末期，由于男子已成为财产的主要生产者和拥有者，丈夫在家庭中占据了比妻子更重要的地位，最终促使父权家长制家庭形成。这种家庭形式的一个根本特

点是:"父权支配着妻子、子女和一定数量的奴隶,并且对他们握有生杀之权。"① 这样,在父权家长死后就出现了让人向往的财产和权力的继承。由于继承人把继承来的财产和权力视为已故家长的福荫,加上对已故家长威权的敬畏心理,就形成了祖先崇拜并发展起相应的崇祖规范。

中国早期国家是在未完全摧毁原始社会组织的情况下形成的。这使父权家长制家庭的统治模式,被推广为国家的管理模式。最高专制的家长成为国家的统治者,而且王位世袭。中国第一个王朝——夏王朝,就是在父传子、"家天下"的形式下建立的。王位的继承者从先王那里继承来的权力和财富,比一般家庭的继承者从已故家长那里获取的要大得多;他们对先王在世时拥有的远非一般家长可比的权威,有着更加强烈的敬畏心理。这些自然促成了对先王的崇拜。古代中国在国家建立后长期处于以血缘关系为基础的宗法制社会,这使由祖先崇拜衍化而来的先王崇拜,在先秦及其以后的各个时期都普遍存在并有着广泛的影响。

在祖先崇拜的氛围中,祖先往往被视为本族的英雄或圣人,甚至被神化为本族的保护神或天神在世间的代言人。为此,像祭祀天神那样祭祀祖先,就成为这些民族社会生活中的一个重要内容。祖先崇拜与先王崇拜的历史联系,使祭祀祖先发展为对先王的祭祀。夏、商、周的统治者及其后人,都以"天"为最高的人格神,认为其"先王"受天神庇佑而统治人间。如夏朝的统治者说其先王"克谨天戒"②;商朝的后裔认为"天命玄鸟,降而生商",此后的先王则"受命不殆",于是才能建立起"邦畿千里,维民所止,肇域彼四海"③ 的辽阔国土;在周朝的统治者看来,他们的先王则"受天佑大命"④。对先王的崇拜和祭祀,在中国最早的诗歌总集《诗经》中有充分的反映。《诗经》中的四十篇"颂",就是宗庙祭祀时所唱的乐歌,均为歌颂先王神灵之词。

除了将先王神圣化并重视对先王的祭祀和歌颂外,先王崇拜的另一重

---

① [德]恩格斯:《家庭、私有制和国家的起源》,人民出版社1999年版,第57页。
② 《尚书·胤征》。
③ 《诗经·商颂》。
④ 《大盂鼎铭》。

要表现是"法先王"思想的流行。"法先王"就是以先王为法,奉先王之制。先秦的思想家几乎都打出了"法先王"的旗号,他们将自己新的思想创造贴上前代圣王的标签,以此增强理论的说服力。儒家主张效法尧、舜及夏、商、周三代圣王;墨家主张效法尧、舜、禹、汤、文、武,但尤崇大禹;道家主张效法伏羲、黄帝;农家主张效法神农;阴阳家主张效法黄帝。这样,"法先王"作为先王崇拜的一个重要表现,在先秦时期就形成了独特的文化现象及思维模式,对中国当时及以后的政治、思想、文化的发展产生了深远的影响。

中国最初的国家是由血缘家庭脱胎而来的,这使国家一开始就具有伦理意义。维系宗族成员的伦理道德规范,成了政治的核心问题。在此条件下,每个人依据自己在一定血缘或政治关系中所担任的不同角色承担相应的道德义务;而理想的统治者则应靠自己优美道德的示范作用,靠对子民的道德教化,维持良好的社会秩序,从而实现德治。由于先王崇拜的普遍存在和深远影响,先王被圣化为道德的先觉者和德治的楷模,"法先王"也就是要像先王一样实行德治。

据古文献中的有关记载或传说,德治的出现可追溯到原始社会末期。例如尧就被认为是:"克明俊德,以亲九族。九族既睦,平章百姓。百姓昭明,协和万邦。"① 在中国国家形成之初,德治也有所体现。据说:"夏后相(启)与有扈氏战于甘泽而不胜,六卿请复之,夏后相曰:'不可。吾地不浅,吾民不寡,战而不胜,是吾德薄而教不善也。'于是乎处不重席,食不贰味,琴瑟不张,钟鼓不修,子女不饬,亲亲长长,尊贤使能,期年而有扈氏服。"② 这里说的就是夏朝的创立者启实行德治的故事。到商朝和西周时期,则产生了效法先王实行德治的思想萌芽。如在下引古文献中就包含了这样的萌芽:"先王既勤用明德,怀为夹,庶邦享作,兄弟方来。亦既用明德,后式典集,庶邦丕享。皇天既付中国民越厥疆土于先王,肆王惟德用,和怿先后为迷民,用怿先王受命。已!若兹监,惟曰欲

---

① 《尚书·尧典》。
② 《吕氏春秋·先己》

至于万年,惟王子子孙孙永保民。"① 但德治思想的明确提出,则是在春秋战国时期。

春秋战国时期德治思想的出现,就其直接原因来说,是出于治国平天下的现实需要。针对当时礼崩乐坏、战乱纷争的混乱局面,诸子百家纷纷提出治世的新思想。在先王崇拜的浓厚社会氛围中,他们中的许多人在提出自己的主张时,是在效法先王的旗号下进行的。由于先王已被神圣化为德治的楷模,因而他们竞相提出了效法先王实施"德治"的思想,但由于各家对时事的看法及解决之道的不同,导致他们对"德"的阐释亦不相同。按照司马迁《史记》记载,以德治国的思想源头,可以追根溯源到五千年前炎黄时代中华文明生成期。这一时期正是中国氏族公社解体、国家形成时期——"酋邦制阶段"②。在前国家社会的氏族公社阶段,"酋长在氏族内部的权力,是父亲般的,纯粹道德性的"③,"历来的习俗把一切都调整好了"④。随着生产力的发展而又未充分发展,对抗性的利益关系打破了原有的平均主义和原始民主制,解构了原有的社会结构和社会规则。在原始社会的解体的过程中,酋邦首领以强权为基础,对社会进行重新规范,故有的习惯逐渐被改造,有些习惯在强权认可的情况下,开始具有制度的效用。伴随着国家的产生,原有氏族规范被国家规范所取代,原有的道德强制被包含着道德强制的政治强制所取代。《大戴礼记·五帝德》回顾传说时代的帝喾、帝尧、帝舜以及禹的政治功绩时,记录了孔子"其德嶷嶷""其德不回""其德不懈"的评价。《史记·五帝本纪》指出:"天下明德皆自虞帝始",舜以德育民平天下,"四海之内咸戴帝舜之功"。尧舜禹时期的禅让制度更加彰显了道德修养对于统治权威确立的重要性,表明随着社会的变迁,道德正在实现着从习惯到制度的转变,道德与政治的结合标志着中国传统德治理论开始萌芽。

---

① 《尚书·梓材》。
② 韦庆远、柏桦:《中国政治制度史》(第2版),中国人民大学出版社2005年版,第48页。
③ 《马克思恩格斯选集》第4卷,人民出版社1972年版,第84页。
④ 同上书,第95页。

二、夏、商、周时期德治思想的初步形成与发展

夏、商、周时期，是中国奴隶制由建立到解体的时期。殷周之际，发轫于原始社会氏族公社的道德规范的效力仍被人们所重视，但激烈的社会政治变革给政治统治提出了挑战，如何论证新建王朝的合法性，如何巩固和维系奴隶制政权，成为统治阶级必须面对和解决的问题。在中国早期国家建立过程中，政权和神权实现了完美的结合，但政权频繁更迭对"天命"理论提出了疑问，西周的周公旦提出了"以德配天"的政治伦理观，成功地应对了这一时代难题。周公指出"惟命不于常"①，"皇天无亲，唯德是辅"②。正因为周人注重道德，"明德慎罚""天乃大命文王"③。周公的贡献是进一步提高了德在政治中的地位。周公用德说明了天的意向，天唯德是选；用德的兴废作为夏、商、周更替的历史原因，有德者为王，无德者失天下。"天畏棐忱，民情大可见"④，君主只有"敬德保民"，才能为民之主。总之，"依据德的原则，对天、祖要诚，对己要严，与人为善，用于民则表现为'保民'"⑤。周公把德当做政治思想的中轴，作为一种治国的理念。因此可以说，真正意义上的"德治"思想是发轫于周公。

三、春秋战国时期德治思想的成熟与演变

随着社会生产方式和经济形态的进步，社会形态、政治形态、文化形态也急剧发生适应性的变化。春秋战国时期，是中国社会秩序和价值观念大裂变、大组合时期，也是对夏、商、周以来的神权政治观、宗法思想、

---

① 《周书·康诰》。
② 《左传·僖公五年》。
③ 《周书·康诰》。
④ 同上。
⑤ 刘泽华、葛荃：《中国古代政治思想史》，南开大学出版社2001年版，第7页。

人文思想进行检讨和反思的重要时期。经过百家争鸣的洗礼，以孔孟为代表的儒家伦理政治思想系统地论述了德治理论，表明中国传统的德治思想趋于成熟。

春秋战国时期的诸子百家在提出自己政治主张的时候，对古代典籍和历史传说各取所需，剪裁不同的片段，构筑起他们心目中的德治思想。

道家创始人老子认为，世界万物本源于"道"并受其制约。因此，为平治天下，老子主张"尊道"，认为"侯王若能守之，万物将自宾"①。在"尊道"的同时，老子也主张"贵德"。"德"从属于"道"，"孔德之容，惟道是从"②。天下万物是"道生之，德畜之"，"是以万物莫不尊道而贵德"。③ 由于"道法自然"④，"道常无为而无不为"⑤，"上德无为而无不为"⑥，老子主张无为而治，"以无事取天下"⑦。老子并未明确提到先王和"法先王"的主张，但他提到了"圣人"及对"圣人"的效法。考虑到当时的先王崇拜和先王常被神圣化的社会氛围，加上老子曾提到"古之善为道者"⑧，可以推测他所提到的"圣人"是包括古圣先王的。老子称颂的"圣人"是"处无为之事，行不言之教"⑨，"圣人之治"是"使夫智者不敢为也，为无为，则无不治"，⑩ 因而他主张"执古之道，以御今之有"⑪，从而做到"我无为，而民自化；我好静，而民自正；我无事，而民自富；我无欲，而民自朴"⑫，"功成事遂，百姓皆谓：'我自然。'"⑬ "无为"并不是老子的目的，其目的是平治天下，"无为"在他看来只不过是实现该

---

① 《老子·三十二章》。
② 《老子·二十一章》。
③ 《老子·五十一章》。
④ 《老子·二十五章》。
⑤ 《老子·三十七章》。
⑥ 《老子·三十八章》。
⑦ 《老子·五十七章》。
⑧ 《老子·十五章》。
⑨ 《老子·二章》。
⑩ 《老子·三章》。
⑪ 《老子·十四章》。
⑫ 《老子·五十七章》。
⑬ 《老子·十七章》。

目的的唯一手段罢了。他认为："民之难治，以其上之有为，是以难治。"①"将欲取天下者，恒以无事。及其有事也，又不足以取天下矣。"②为此他主张"以道佐人主"，反对"以兵强于天下"③，认为"夫兵者不祥之器……故有道者弗处"④。这样，老子就提出了效法古圣先王实行无为而治的德治思想。

道家的另一代表庄子明确提出了效法先王的思想。庄子是主张法"真人""至人""神人"的，但在先王崇拜的社会氛围中，他也主张法先王。只是庄子主张效法的先王，并不包括尧、舜和夏商周三代的先王。在他看来，只有远古的伏羲和黄帝才是得道的先王，顺应天地自然，无欲无求，认为"轩辕氏……伏羲氏……若此之时，则至治已"⑤，因而主张统治者效法伏羲、黄帝，实现天下大治。这显然也是一种德治思想。

道家的老庄都对文明异化造成的战乱和纷争痛心疾首。他们批评儒家、墨家的德治思想是违反天地之道、圣人之道的。老子认为："天地不仁，以万物为刍狗。圣人不仁，以百姓为刍狗。"⑥ 在他看来，"仁""义""礼""智""信"和"兼爱""尚贤"等思想的提出，正是道德败坏的结果，"失道而后德，失德而后仁，失仁而后义，失义而后礼。夫礼者，忠信之薄而乱之首也"⑦。因此，他主张"弃圣绝智，民利百倍；绝仁弃义，民复孝慈；绝巧弃利，盗贼无有"⑧，"不尚贤，使民不争"⑨，施行"无为而治"的德治。

墨家创始人墨子也主张效法先王施行德治。墨子把人们不相爱、自私自利叫做"别"，认为"别"必然导致"恶人""贼人"为害天下。他说："恶人而贼人者，兼与？别与？即必曰，别也。然即之交别者，果生天下

---

① 《老子·七十五章》。
② 《老子·四十八章》。
③ 《老子·三十章》。
④ 《老子·三十一章》。
⑤ 《庄子·胠箧》。
⑥ 《老子·五章》。
⑦ 《老子·三十八章》。
⑧ 《老子·十九章》。
⑨ 《老子·三章》。

之大害者与!"① 为了兴利除害，墨子提出了与"别"相对的"兼"。"兼"即"兼爱"，就是视人若己，"爱人若爱其身"②，而"爱人者必见爱也"，因此是"为彼尤为己也"③。在先王崇拜的社会氛围中，他把"兼爱"思想说成是取法于先王的，认为"昔之圣王禹汤文武，兼爱天下之百姓"④。墨子认为："兼相爱，交相利，此圣王之法，天下之治道也。"⑤ 在他看来，只要统治者效法先王遵循"兼爱"的道德规范，就必然会除害兴利、国泰民安、天下太平。

先秦儒家提出的德治思想在诸家中是最完备的。儒家所谓的"德治"，就是与"苛政""暴政""霸道"相对而言的"德政""仁政"和"王道"。儒家创始人孔子主张"为政以德"⑥。在先王崇拜的社会氛围中，孔子举起"法先王"的旗帜。孔子说尧是"其仁如天，其知如神"，舜是"其言不惑，其德不慝，举贤而天下平"，禹是"其德不回，其仁可亲，其言可信，声为律，身为度……四海之内，舟车所至，莫不宾服"⑦。尧舜禹被孔子看成体现"仁""德"精神的人物。对于西周礼乐文化的代表性人物文王、武王、周公，孔子同样充满了赞美，《中庸》称"仲尼祖述尧舜，宪章文武"，对集礼乐文化之大成的周公，孔子更是魂牵梦绕，"甚矣，吾衰也！久矣，吾不复梦见周公"⑧。因此，在孔子主张效法先王而推行的"仁""德"之治中，内在地包含了体现宗法伦理色彩与等级尊卑规范的礼治。孔子论仁、礼关系，仁是礼的内在根据，礼是仁外在的规范；仁心外化而成礼，依礼而行而成仁，这两个方面相辅相成，构成辩证的统一关系。所以，孔子重视仁，提出"仁者爱人"的基本诉求，推崇"德政"，认为"为政以德，譬若北辰，居其所而众星共之"⑨；又格外隆

---

① 《墨子·兼爱下》。
② 《墨子·兼爱中》。
③ 《墨子·兼爱下》。
④ 《墨子·法仪》。
⑤ 《墨子·兼爱中》。
⑥ 《论语·为政》。
⑦ 《大戴礼记·五帝德》。
⑧ 《论语·述而》。
⑨ 《论语·为政》。

礼，视礼为仁的目标，认为"克己复礼为仁"①，提出"礼以为上"②，"礼让为国"③。孔子关于仁、礼相统一的德治思想，表现了他对于一个和美而有秩序的理想社会的向往。

孟子的"法先王"思想是与孔子一致的。他的"王道"思想，就是主张效法尧、舜、禹、汤、文、武和周公以平治天下，他说："欲为君，尽君道；欲为臣，尽臣道。二者皆法尧舜而已矣。""莫若师文王。师文王，大国五年，小国七年，必为政于天下矣。"④ 作为儒者，孟子并不否认礼的作用，指出："夫义，路也；礼，门也。惟君子能由是路，出入是门也。"⑤ 但孟子更关注道德心性问题，他接受了孔子以仁释先王的做法，称赞先王的善心仁政。他说："先王有不忍人之心，斯有不忍人之政。以不忍人之心，行不忍人之政，治天下可运之掌上。"⑥ 所谓的"不忍人之政"就是仁政。孟子把道德和政治联结起来，认为道德之好坏关系政治之成败。他一再指出"保民而王"，"仁者无敌"⑦，"怀仁义以相接也，然而不王者，未之有也"⑧，因而他主张统治者应效法先王实行德治。孟子采用王道、霸道两相比较的方法，阐明他的德治思想。他认为霸道是"以力服人"，王道是"以德服人"。这两种治道的效果是截然不同的："以力服人者，非心服也，力不赡也；以德服人者，中心悦而诚服也。"⑨ 在孟子看来，霸道虽可以一时奏效，但不能长久，因为它不能赢得人心；只有采取王道，实行德治，才能得到民众的衷心拥护，实现长治久安。

先秦时期的先王崇拜和德治思想，对中国古代历史的发展产生了深远影响。历代统治者及其思想家们，都高举先王的旗帜，以实现德治为目标。尽管现实与理想有一定距离，不少统治者以仁义为遮羞布掩盖自己多

---

① 《论语·子路》。
② 《论语·阳货》。
③ 《论语·里仁》。
④ 《孟子·离娄上》。
⑤ 《孟子·万章下》。
⑥ 《孟子·公孙丑上》。
⑦ 《孟子·梁惠王上》。
⑧ 《孟子·告子下》。
⑨ 《孟子·公孙丑上》。

欲暴虐的事实，但不可否认，"法先王，行德治"的主张，对于约束统治者的贪婪行为、减轻人民的负担、促进社会经济的发展产生了一定积极影响。在新的历史条件下，正确地认识中国古代社会的先王崇拜与德治思想，承继其精华，剔除其糟粕，对于加强中国政治文明建设、建立社会主义和谐社会具有重要作用。

四、儒家德治思想的基本内涵

每一个民族都有自己的道德文化，但是把道德和政治如此紧密地结合起来，形成一套完整的德治思想体系，却是中华民族政治文化独有的特征。如果说"政治思想是中国传统思想的主体"，那么儒家的德治思想则是中国古代政治思想的主体，中国古代的政治、经济、法律及文化教育的发展深深地打上了德治思想的烙印。德治作为政治与道德思维模式，深深地积淀于民族的心灵之中。开展德治思想的研究，对我们深刻地理解我们民族的文化性格和中国历史发展的特征、规律，具有重要作用。

当前，学术界存在着一种仅仅把德治理解为用伦理道德进行统治的狭隘看法，如1984年黑龙江人民出版社出版的《伦理学知识手册》对德治的解释是："儒家的政治思想，……主张用道德和礼来治理国家，统治人民。"一些持有相似看法的同志对德治思想持批评的态度。而实际上德治要求的是政治统治应该符合伦理道德，它包括经济、法律、行政伦理和对人民进行教化等多方面的内容。全面深入地探讨儒家德治思想的基本内涵，是我们正确评价其历史价值和现实意义的关键。

（一）儒家德治思想强调行政伦理

儒家德治思想的第一个基本内涵，是非常强调行政伦理，把道德放在政治最重要的地位。这是儒家一以贯之的传统，是以儒学为主导地位的中华文明的一大特色。这一特色，在我国文明期即已显现。记载尧、舜、禹及夏、商、周时期的政治史料,后来成为儒家基本典籍的《尚书》,奠定了中国古代德治的基石,对我国文明的发展起到了导向作用。《尚书》突出地展现了古代英雄人物高尚的道德品格,帝尧"钦明文思安安,允恭克让,光被四表,格于上下,克明俊德"①。舜能继位为君,主要是因他感天动地的孝道,"瞽子,父顽,母嚚,象傲,克谐以孝"②。大禹在"洪水滔天,浩浩怀山襄陵,下民昏垫"③的严峻形势下,呕心沥血,一心为民,建立起盖世之功勋。三位有德之君为后代帝王立下万世仪则。周公经常教导成王和大臣们要以先圣为榜样,修明道德,以永葆基业。儒家创始人孔子继承了前代的政治思想,特别强调统治者要有道德。鲁国执政季氏向孔子求教为政之道,他回答:"政者,正也。子帅以正,孰敢不正。"④政治从根本上来说就是道德,就是统治者发挥模范带头作用。"子欲善,而民善矣,君子之德风,小人之德草,草上之风必偃"⑤。执政者道德品质的高低决定着政治的好坏、政令的畅通与否。"其身正,不令而行;其身不正,虽令不从"⑥。孔子把道德和政治结合起来,并把道德放在首位。孟子继承了孔子的这一思想,更加强调最高统治者的道德品质的重大影响作用,他说:"君仁莫不仁,君义莫不义,君正莫不正。一正君而国定矣。"⑦把国君的道德修养对治理国家的意义强调到了极致。荀子也非常强调道德。有人问荀子如何治国,荀子却说道:"闻修身,未尝闻为国也。君者,仪也,仪正而景正;君者,槃也,槃圆而水圆;君者,盂也,盂方而水方。"⑧荀子在此不是不讲治国,而是讲治国的关键在于统治者自身的道德修养水平。要求统治者以身作则,是德治的一个重要原则。宋明理学继承了先秦儒家的传统,吸收了佛、道二教的一些理论成果,重视心性

---

① 《尚书·尧典》。
② 同上。
③ 《尚书·皋陶谟》。
④ 《尚书·颜渊》。
⑤ 《论语·颜渊》。
⑥ 《论语·子路》。
⑦ 《孟子·离娄上》。
⑧ 《荀子·君道篇》。

问题，要求"存天理，灭人欲"，重点是格君心之非。朱熹指出："天下之事，千变万化，其端无穷，而无一不本于人主之心者，此自然之理也。故人主之心，正则天下之事无一不出于正，人主之心不正，则天下之事无一得由于正。"① 复杂的社会政治问题被归结为人主的道德问题。人主之心正，则一切事皆正；人主之心不正，则一切事皆不得其正。一句话，人主的道德心性是天下治乱兴衰的根本。这种夸大道德的重要性，把国家的治乱完全寄托于统治者的个人品质的看法，难免过于简单化和绝对化，但在中国古代，君王享有不受制约的至高无上的权力。加强君王的道德修养，对避免或减少暴政、保证社会的稳定和发展具有重要意义。

辅佐君王的各级官员对政治的好坏也起着重要的作用，有德之君配有德之臣才能政治清明，"允迪厥德，谟明弼谐"②。因此，以什么样的标准来选拔官员，是一个受到特别重视的问题。儒家要求选贤任能，把道德放在第一位，"其勿以憸人，其惟吉士"③。即是说不要任用奸佞之人，而要任用贤能之士。孔子指出，如果将正直者置于邪恶者之上，那么人民就会信服；如果将邪恶者置于正直者之上，那么人民就不会信服。即所谓"举直错诸枉，则民服；举枉错诸直，则民不服"④。在战国时期诸侯争强、力并天下的时候，孟子指出用人问题关系到生死存亡，"不用贤则亡"⑤，应尊重贤者，重用有才之士，"尊贤使能，俊杰在位，则天下之士皆悦，而愿立于其朝矣"⑥。尤为可贵的是，孟子提出选拔官吏要善于倾听老百姓的意见。他说："国君进贤，……左右皆曰贤，未可也；诸大夫皆曰贤，未可也；国人皆曰贤，然后察之。见贤焉，然后用之。左右皆曰不可，勿听；诸大夫皆曰不可，勿听；国人皆曰不可，然后察之。见不可焉，然后去之。左右皆曰可杀，勿听；诸大夫皆曰可杀，勿听；国人皆曰可杀，然

---

① 《戊申封事》卷一一。
② 《尚书·皋陶谟》。
③ 《尚书·立政》。
④ 《论语·为政》。
⑤ 《孟子·告子下》。
⑥ 《孟子·公孙丑上》。

后察之。见可杀焉，然后杀之。"① 只有这样，才能真正选拔出有德之士担任各级官吏，辅佐君王，推行德治。儒家一贯主张人才是政治中决定性的因素，"有治人，无治法"②，帝王君临天下，不可能事必躬亲，必有辅佐大臣和各级办事官员，因此帝王治理天下最根本的任务，是在选官，"帝王之道也，以择任贤俊为本，得人而后与之同治天下"③。官吏的选拔得当与否，关系到天下的治乱，"天下之治，由得贤也。天下不治，由失贤也"④。

总而言之，儒家特别强调行政伦理，而行政伦理最注重的是君王以及各级官员的个人道德素养。因为官员担负着治理国家的责任，因此他们认为官员的道德修养就不仅是个人的私事，而是与天下国家的利益休戚相关，孔子心目中的君子的道德人格与社会理想是"修己以敬""修己以安人""修己以安百姓"⑤。儒家建立起了一套把修身齐家与治国平天下相联系的政治哲学体系，《大学》写道："古之欲明明德于天下者，先治其国。欲治其国者，先齐其家。欲齐其家者，先修其身。欲修其身者，先正其心。欲正其心者，先诚其意。欲诚其意者，先致其知。致知在格物。物格而后知至，知至而后意诚，意诚而后心正，心正而后身修，身修而后家齐，家齐而后国治，国治而后天下平。自天子以至于庶人，壹是皆以修身为本。"格物、致知、正心、诚意、修身、齐家、治国、平天下八者之间，修身处于枢纽地位。格物、致知、正心、诚意是修身的功夫和修身的方法，修身外化的成果即为齐家、治国、平天下。以身作则，修身为本，所有问题皆可迎刃而解，"知所以修身，则知所以治人；知所以治人，则知所以治天下国家矣"⑥。只有建立起内圣的人格，才能成就外王的事业。

① 《孟子·梁惠王下》。
② 《荀子·君道篇》。
③ 《河南程氏经说》卷二《尧典》。
④ 《河南程氏文集》卷五《上仁宗皇帝书》。
⑤ 《论语·宪问》。
⑥ 《中庸》二十章。

(二) 儒家德治思想确立了"民为邦本"的政治指导原则

儒家德治思想的第二个基本内涵，是确立"民为邦本"的政治指导原则。早在西周时期，因为殷商的灭亡，人们认识到"天不可信"①，"天命靡常"②，既然天命不是固定不变的，那么，上天根据什么来改变自己的态度呢？人们找到的答案是"皇天无亲，唯德是辅"（僖公五年）。上天不会只庇护一家一姓，就看你有没有德行。只要有德，就能享天命，得天下；否则就会丧天命，失天下。夏、商之所以灭亡，是因为他们的荒淫无道，所谓"不敬厥德，乃早坠厥命"③。"我不可不监于有夏，亦不可不监于有殷。"④ 周人认识到要维护自己的长久统治，就需要"敬天保民"，以德配天。即使在中国古人还没有摆脱天的羁绊，还在赞美天的神圣伟大的时候，其思想即已闪现出人性的光芒，"天聪明，自我民聪明。天明畏，自我民明畏"⑤。民心即是天心，民意即是天意，"夫民，神之主也"（桓公六年），"天矜于民，民之所欲，天必从之"⑥。孟子是中国古代民本思想最有代表性的人物，他提出了著名的"民为贵，社稷次之，君为轻"的光辉思想。他指出要取得和保持政权就必须得到人民的拥护，"得乎丘民而为天子"⑦，"得天下有道：得其民，斯得天下矣"⑧。要得民，首先就要得民心："得其民有道：得其心，斯得民矣。"⑨ 关于如何得民心，他说："得其心有道：所欲与之聚之，所恶勿施，尔也。"⑩ 一句话，想要得天下就要做老百姓希望做的事情，而不做不符合老百姓意愿的事情，也就是要

---

① 《尚书·君奭》。
② 《诗经·大雅·文王》。
③ 《尚书·召诰》。
④ 同上。
⑤ 《尚书·皋陶谟》。
⑥ 《尚书·泰誓》。
⑦ 《孟子·尽心下》。
⑧ 《孟子·离娄上》。
⑨ 同上。
⑩ 同上。

实行仁政、德治。他指出:"三代之得天下也以仁,其失天下也以不仁。国之所以废兴存亡者亦然。"① 荀子更是直截了当地辩明君与民之间的关系:"天之生民,非为君也;天之立君,以为民也。"② 君是为民而设,因此维护百姓的利益就成为君的天职。董仲舒也从神秘的天人感应论出发,曲折地表达了民本思想:"天之生民,非为王也,而天立王,以为民也。故其德足以安乐民者,天予之;其恶足以贼害民者,天夺之。"③ 宋明理学从本体论上进一步论证了封建伦理道德和封建统治的合理性,强化了对人民的精神控制,但并未抛弃"民为邦本"的思想。陆九渊宣称:"天以斯民付之吾君,吾君又以斯民付之守宰,故凡张官置吏者,为民设也。无以厚民之生,而反以病之,是失朝廷所以张官置吏之本意矣。"④ 各级大小官吏的设置,其目的是为老百姓办事,为老百姓的利益服务,这与"民为邦本"的思想是一脉相承并有所发展的。

当然,中国古代的"民为邦本"完全不是人民自己当家做主的意思。从历史的经验教训中,统治者和思想家都认识到:"君者舟也,庶人者水也。水则载舟,水则覆舟。"⑤ 可知所谓的"民为邦本",主要是从政权的取得和保存必须得到人民的拥护这个角度来说的。为了维护自己的统治,需要统治阶级节制自己的贪欲,不要对人民竭泽而渔。如此,光辉的"民为邦本"思想最后只能归结到要求统治者为民做主,"天惟时求民主"⑥,"天子作民父母,以为天下王"⑦,人民就变成了看似亲切、然实际地位低下的"子民"。封建时代的各级官吏亦被称为父母官。这其实意味着人民仅仅是被保护、被恩赐的对象,人民只能期待着来自上面的阳光雨露,没有丝毫的权力来自己掌握自己的命运。由此可见,古代的"民为邦本"的思想具有巨大的局限性,决不能和现代民主意识划等号。但我们应当用历

---

① 《孟子·离娄上》。
② 《荀子·大略篇》。
③ 《荀子·尧舜不搜移汤武不专杀》。
④ 陆九渊:《与苏宰》,《陆九渊集》卷八。
⑤ 《荀子·王制篇》。
⑥ 《尚书·多方》。
⑦ 《尚书·洪范》。

史的眼光来看问题，"民为邦本"的思想毕竟在一定程度上使统治阶级认识到人民力量的伟大，迫使他们不得不调整统治政策，这对保证社会经济的正常运行和生产力的发展是有积极作用的。但凡历史上统治者自觉地根据这一思想制定政策的时期，都出现了繁盛的局面，如千百年以来人们所津津乐道的"贞观之治"就是典型的例子。

（三）儒家德治思想十分重视民生问题

儒家德治思想的第三个基本内涵，是十分重视民生问题。儒家非常强调统治者的道德，看作为政之本，并非说明儒家轻视现实的物质生活的重要性。恰恰相反，对统治者道德的要求，其目的就是希望他们克制自己的贪欲，不要对人民竭泽而渔，以保障人民起码的生存条件，维护社会经济秩序的稳定。德治思想的核心是民生问题。"德惟善政，政在养民"[①]。所谓"养民"，就是要解决人民的生活问题。孔子要求"为政以德"，他把解决人民的物质生活放在为政的首位，"子贡问政。子曰：足食，足兵，民信之矣"[②]。只有首先满足人民的物质生活的需要，才能取得人民的信任，这看似简单却很深刻的思想，是儒家德治思想现实性品格的反映。他主张赋敛从薄，反对横征暴敛，弟子冉求帮助季氏聚敛财富，他愤然宣称："非吾徒也，小子鸣鼓而攻之，可也。"[③] 孔子治理国家的主张是："道千乘之国，敬事而信，节用而爱人，使民以时。"[④] 要求统治阶级节约用度，薄税敛，征发徭役要不违农时，这些都构成了儒家德治思想的基本内容。孔子还提出了对后世具有深远影响的"均平"思想，他说："有国有家者，不患寡而患不均，不患贫而患不安。盖均无贫，和无寡，安无倾。"[⑤] "均平"并不是完全平等的意思，而是谓各得其分，贫富差距不要过大，防止太富太贫两种对立现象的发生，尤其是社会赤贫一极的产生，

---

① 《尚书·大禹谟》。
② 《论语·颜渊》。
③ 《论语·先进》。
④ 《论语·学而》。
⑤ 《论语·季氏》。

会严重地加剧社会矛盾与动荡,这是有利于维持社会稳定的极有远见的思想。遗憾的是,中国历史的发展有其自身的轨迹,并没有遵循这一思路。孔子的许多经济思想基本上被后世儒家继承下来。战国时期,旧的土地制度遭到破坏,土地问题日益成为社会的主要矛盾,因此,孟子称"夫仁政必自经界始"①,即从解决土地问题开始。他提出了解决农民土地问题的两种办法:一种是把古代的"井田制"加以"润泽",以在当今时代推行;一种是主张给农民小块土地,"五亩之宅,树之以桑,五十者可以衣帛矣。鸡豚狗彘之畜,无失其时,七十者可以食肉矣。百亩之田,勿夺其时,数口之家,可以无饥矣"②。无论是孟子提出的井田论,还是恒产论,其根本目的是要解决农民的土地问题,这是把握住了时代的主要矛盾、具有进步意义的思想。孟子的土地思想在后世对中国历史发展产生了深远的影响。到西汉董仲舒生活的时代,土地兼并日趋激烈,"富者田连阡陌,贫者亡立锥之地"。董仲舒提出:"限民名田,以赡不足,塞并兼之路。"③从孟子的"制民恒产"到董仲舒的"限民名田",从理论上看是一个倒退,但它反映了历史发展的必然趋势。自董仲舒创议限田以后,限田及其类似主张即成为中国封建时期的重要土地思想或政策,虽然在实践中并不能完全阻止土地兼并的总趋势,但它在一定程度上缓和了社会矛盾,保证经济正常运行,在中国历史上自有其深远的积极意义。理学家继承了前代儒家在土地问题上的一贯思路,把土地问题放在非常重要的地位,认为"必制其恒产,使之厚生,则经界不可不正,井地不可不均,此为治之大本也"④。张载坚持恢复井田制,"论治人先务,未始不以经界为急"⑤,他要求恢复"井田制"的思想尤为激进。到了朱熹,他也认为井田制是圣王之制,"公天下之法,岂敢以为不然",但又认为宋代形势已经发生变化,对强制推行井田制表示怀疑,认为"设使强做得成,亦恐意外别生弊病,

---

① 《孟子·滕文公上》。
② 《孟子·梁惠王上》。
③ 《汉书·食货志上》。
④ 《河南程氏文集》卷一《论十事札子》。
⑤ 《张载集》附录《吕大临横渠先生行状》。

反不如前，则难收拾耳"①。他退一步提出了抑制兼并与限田的主张，"宜以口数占田，为立科限，民得耕种，不得买卖，以赡贫弱，以防兼并，且为制度张本，不亦宜乎"。②但另外，朱熹把关注的重点转向了赋税的公平征收。公平征收赋税需要正经界，他说："经界一事，最为民间莫大之利。"③"正经界"是非常古老的思想，但以前的思想家谈经界问题，多数是反对土地兼并，要求保障农民的土地，而朱熹的正经界更多的是和赋税的公平征收联系在一起。他指出，因为版籍不正，田税不均，贫者无业而有税，富者有业而无税，造成"公私贫富俱受其弊"④。朱熹的土地思想，与限田论相比又是一个退步，但我们应该历史地看问题，宋代"田制不立"，土地兼并现象加剧，思想家并不能改变历史的进程，朱熹承认了土地制度的变化，但他根据变化了的历史事实，要求公平地征收赋税，具有相当的合理性，有利于减轻贫穷人民的负担。这是在新的历史条件下，儒家德治思想在经济领域的体现。

（四）儒家德治思想倡导治理国家要德、刑并用，德主刑辅

儒家德治思想的第四个基本内涵，是提出治理国家要德、刑并用，德主刑辅。德与刑是统治人民的两种手段。无论是儒家理想中的圣王还是儒家本身，从来也不否认刑罚对治理国家的作用。舜即"流共工于幽州，放欢兜于崇山，窜三苗于三危，殛鲧于羽山，四罪而天下咸服"⑤。但是，儒家认为国家的基础是道德，"德，国家之基也"（襄公二十四年），不把刑罚看作统治的主要手段，认为刑只是德的补充，"刑以辅德"。要求"明德慎罚"，指出惩罚不是目的，惩罚的目的是要消灭刑罚，"刑期于无刑"，所以，就是在行刑的时候还要进行道德说教，"告汝德之说于罚之行"⑥。

---

① 《朱子语类》卷一〇八《论治道》。
② 《朱熹集》卷六八《井田类说》。
③ 《朱熹集》卷一九《奏经界状》。
④ 《朱熹集》卷二一《经界申诸司状》。
⑤ 《尚书·尧典》。
⑥ 《尚书·康诰》。

孔子虽然一向礼乐刑罚并提,但他却说:"听讼,吾犹人也,必也使无讼乎!"①"无讼"和睦的太平世界才是他追求的理想。孟子要求"省刑罚",赞成"罪人不孥",并且比较公正客观地指出老百姓犯罪的原因多数是统治者逼迫的结果。荀子要求"教而后刑"。董仲舒借助于神秘的天道,提出"德主刑辅"的思想。他认为阴阳是天的两种属性,阳的具体表现为恩德,阴的具体表现为刑杀。"天意"是欲德不欲杀的,"天道"是尚德不尚武的。人应效法于天,故为政尚德不尚罚。尚德就是要推行德教。传说中上古尧、舜时期中华民族的五种道德既已形成(父义、母慈、兄友、弟恭、子孝),舜"慎徽五典,五典克从"②,他用五种道德进行教化,得到人民的广泛接受。孔子大力提倡对人民进行道德教育,他说:"道之以政,齐之以刑,民免而无耻;道之以德,齐之以礼,有耻且格。"③ 意思是说,如果仅仅依靠政令、刑罚来治理人民,民众或许因为惧怕而守法,但不会懂得犯罪是可耻的;而如果用道德、礼仪来规范,民众就会有羞耻心,从而按照规矩办事。孔子反对"不教而杀",把"不教而杀"放在从政的"四恶"之首④。孟子主张"谨庠序之教",对民"教以人伦"。他指出:"善政不如善教之得民也。善政,民畏之;善教,民爱之。善政得民财,善教得民心。"⑤"善政"指的是好的政令刑罚,其目的只是榨取人民的钱财,"善教"才能赢得人民的心。历史上,不仅主张性善的儒家主流派倡导教化,主张性恶的儒家非主流派也倡导要以教化为主。荀子认为人天生的本性是恶的,通过后天习得的结果"伪"才是善的,主张"化性起伪"。他强调教育对转变人性的重要作用,说:"不富无以养民情,不教无以理民性。……立大学,设庠序,修六礼,明十教,所以道之也。"⑥ 董仲舒指出"圣人之道,不能独以威势成政,必有教化"⑦,教化比刑罚更重

---

① 《论语·颜渊》。
② 《尚书·尧典》。
③ 《论语·为政》。
④ 《论语·尧曰》。
⑤ 《孟子·尽心上》。
⑥ 《荀子·大略篇》。
⑦ 《春秋繁露·为人者天》。

要，是治国之本，"教，政之本也；狱，政之末也"①。他提出"性三品"说，认为"圣人之性"天生为善，不必教化；"斗筲之性"天生为恶，不可教化。但这两种人只占极少数，大多数人为"中民之性"，既不是至善，也不是至恶，而是"性有善质，而未能为善也"②。德教只施行于"中民之性"，由于"性虽出善，而性未可谓善也"③，"于是为之立王以善之"④。他将教化比喻为堤防，讲"万民之从利"的本性，就像洪水一样，需要教化堤防。如果教化废则奸邪并出，刑罚就不能胜任。他赞美古代："古之王者明于此，是故南面而治天下，莫不以教化为大务。立大学以教于国，设庠序以化于邑，渐民以仁，摩民以谊，节民以礼，故其刑罚甚轻而禁不犯者，教化行而习俗美也。"⑤ 他认为"教化"使人向善，没有人去犯法作恶，从而使社会风气变得良好。

总之，儒家德治思想具有丰富的内涵，它以广泛的社会政治生活为研究对象，构建了以德为依归的德治思想体系。民为邦本是德治思想的理论基础，行政伦理是实现德治的关键，经济民生问题是德治思想的核心，刑德并用、德主刑辅是实行德治的保证。由于德治思想基本上适应中国古代政治与社会发展的需要，所以被汉武帝以后的历代封建王朝奉为统治的圭臬，并通过各种手段在全社会得到广泛传播，深刻地影响了中国历史的面貌和我们民族的文化性格。众所周知，儒家的德治思想对推动中华民族历史的发展起过巨大的积极的作用，但同时也应看到，儒家主张的德治是和人治联系在一起的，因此德治的实现具有不确定性，"其人存，则其政举；其人亡，则其政息"⑥，德治理论没能使古代社会避免周期性的动荡和破坏。封建道德也有许多落后乃至腐败的东西，这些都是我们应该注意进行批判的。

---

① 《春秋繁露·精华》。
② 《春秋繁露·实性》。
③ 同上。
④ 《春秋繁露·深察名号》。
⑤ 《汉书》卷五十六《董仲舒传》。
⑥ 《中庸》二十章。

第二章

中国古代德治思想下的政治实践

中国的德治既已有了理论的表述,当然也就体现在了具体的政治活动当中。而随着每个时期德治理论的发展,政治的实践也会有所调整。

一、殷商之际德治思想下的政治实践

中国最早的历史大部分都记录于《尚书》当中。《尚书·汤誓》中曾记载商汤指控夏桀"不恤我众",夏德败坏,以此为依据,商汤讨伐夏桀;《盘庚》篇提出要"重我民","施实德于民";甚至殷商中期高宗就已经提出"敬民"主张。但是这个时候的"德"仍然仅仅还是"应当"而不是"必须",可以说,"德"在殷商时期已经存在,但它仅仅表示一种大局的态势,还没有太多的具体内容。

周人则在武王伐纣之前就已经存在并且有了初步的德治理念,周公在《康诰》中说文王早已"克明德慎罚,不敢侮鳏寡。庸庸,祗祗,威威,显民。"意思是,周公对弟弟封说,只有伟大显赫英明的父亲文王,能够崇尚德教而谨慎地使用刑罚,不敢欺侮那些无依无靠的人,任用应当任用的人,尊敬那些应当尊敬的人,威罚应当威罚的人,并让民众了解这些。周人之所以能够完成"翦商"的大业,也是周人的先公先王实施德政的结果,由此,不可否认,文王时期德治理念已经相对成熟,而且不论在《尚书》,还是在《诗经》中,我们都可以见到大量这方面的材料。《无逸》

中说文王"卑服即康功田功。徽柔懿恭，怀保小民，惠鲜鳏寡"等等，都是文王德治的证据，可以说，德治思想在殷商之际其实已经表现为了农耕社会中遵从习俗的"爱民""恤民"的活动。

不仅如此，武王伐纣之后，"封商纣子禄父。殷之馀民，武王为殷初定未集，乃使其弟管叔鲜、蔡叔度相禄父治殷"。对于对手之后以德报之，不绝其祀。"已而命召公释箕子之囚。命毕公释百姓之囚，表商容之闾。""命闳夭封比干之墓。"尊崇贤人，看重君子的表率作用。"命南宫括散鹿台之财，发钜桥之粟，以振贫弱萌隶。"①怜取小民，看重民生。"武王追思先圣王，乃褒封神农之后于焦，黄帝之后于祝，帝尧之后于蓟，帝舜之后于陈，大禹之后于杞。"②古代人看重家族的延续，因而，武王褒封圣人之后，就是尊重圣人，使圣人不绝后祀，这在当时看来就是很大的德行。

到了西周初年，各篇诰、誓文献中就有了更多明显的德治思想的实践显现。如《康诰》中的"用保乂民""用康保民"，说的就是统治者在治理过程中保民的问题；"无康好逸豫"要求统治者不要贪图安乐；"惠不惠，懋不懋"说的是要行教化；"敬明乃罚"说的是慎罚的问题。再如《无逸》中"知稼穑之艰"说的是要怜小民；不可"盘于游田"说的是要勤于政事。这些都是要求统治者要保民、重民，只有这样，才能从"天命靡常""天视自我民视，天听自我民听""明德慎罚，惠民保民"，最终达到"天命常有"，由此构成了一整套德治理论，这里关键的就在于统治者要有德，也就是爱民、保民。否则，就如《洛诰》所言："朕教汝于棐民彝，汝乃是不蘉，乃时惟不永哉！"我教你保民的方法，如果你不去做，那么统治就不是长远的。

所以，统治者在日常生活中，首先要尊重常典，也就是人们日常习惯的规则。"敬哉！无作怨，勿用非谋非彝。"③不要去制造新的怨恨，不要用那些不合情合法的规定处理案件。常典能稳定民心，不合理的新规只能

---

① 司马迁：《史记·周本纪》，上海古籍出版社2007年版，第25页。
② 同上书，第26页。
③ 《尚书·康诰》。

制造新的敌人。"其惟王勿以小民淫用非彝,亦敢殄戮用乂民,若有功。"① 违背常典,滥用刑罚,尽管能暂时消灭反对的声音,但实际上却制造了新的敌人。

其次,要注意罪犯的认罪态度,根据实际情况量刑处置。《康诰》说:"敬乃明罚。人有小罪,非眚,乃惟终,自作不典,式尔,有厥罪小,乃不可不杀。"一人犯了小罪,但屡教不改,继续作恶,这种人必须严惩。"乃有大罪,非终,乃惟眚灾,适尔,既道极厥辜,时乃不可杀。"一人犯了大罪,只要不是出自故意,又有悔过之意,就应该宽恕不死。

再次,用刑的目的在于挽救,不在于惩罚。《康诰》说:"若有疾,惟民其毕弃咎。"意思是像治病一样除去罪人的罪恶。"若保赤子,惟民其康乂。"出于保护之心治民,民就会心悦诚服地听从,并接受治理。如果能做到这些,即使对罪犯处以死刑,或处以劓刑,或处以刵刑,人们也不会对你有什么怨言,那是他们咎由自取,罪不容赦。正如《康诰》所讲:"非汝封刑人杀人,无或刑人杀人;非汝封又曰劓刵人,无或劓刵人。"

从次,判决务必公开,务必做到有法可依。《康诰》明确指出:"外事,汝陈时臬,司师兹殷罚有伦。"就是说处理案件要公开相关法律,力争做到合理公允,这样民众自然会心悦诚服:"有叙时,乃大明服,惟民其敕懋和。"当然了,在这个时候是没有明文法的。所谓常典也好,法也好,事实上都是人们共同认可的一些协议或者统治者的公开文件。

最后,判决务须谨慎,不可匆匆定案。《康诰》:"要囚,服念五六日,至于旬时,丕蔽要囚。"意思说,判决罪犯时,要反复考虑五六天,甚至十天才能作出判决。

不光如此,德治还在于统治者要率先做出表率,《君奭》中也同样告诫人君:"其汝克敬德,明我俊民,在让后人于丕时。"人君敬德,更重要的是在于教导民众,垂范后人。

这样,在统治阶级的努力倡导下,西周初年出现了"成康之治",这也是我国历史上第一个应用德治理念而达到的太平盛世。由此,我们可以

---

① 《尚书·召诰》。

看出，周初虽然提出了德的概念，但是所谓"德"更多的是与由远古社会传承下来的"神"相对应的以"人"为主的社会秩序的建立，它甚至包含有后世法的基本精神。

此后，诸子百家无论是反对还是赞成，是继承还是改造，都受到了西周初年德治思想的影响。儒家看重的是德的内容，道家看到的是德要求的慎罚，墨家看到了德对民众而言的"保民"，而法家看到的是德对典要的尊重。

二、春秋战国时期德治思想下的政治实践

西周之后，中国进入了"礼崩乐坏"阶段，诸侯急于争霸，因而没有人再看重以前的关于道德治理的思想，也不再看重周礼。相反，由于现实利益，各国更看重武力征伐。此时蓬勃兴起的诸子百家开始不同程度地反思周礼，结合现实，提出了各自不同的治国理念。

儒家是西周初年德治思想的最主要的继承者。儒家是当时最重要的显学。孔子率先提出"为政以德，譬如北辰，居其所而众星共之"①，主张在政治实践中实行德政。"道之以政，齐之以刑，民免而无耻。道之以德，齐之以礼，有耻且格。"② 认为为政的根本在于君主以德治国，由于君主的道德感召力，那么百姓自然会拥护，从四面八方，拖老携幼地来投奔这个国家。而且不光如此，如果君主治国，以政、刑为主，而没有礼仪，那么这个国家的百姓只是能够免于刑罚，没有廉耻，这个社会也只能是勉强维持存在；可是，如果告诉百姓哪些内容是礼义廉耻，那么百姓也会和士人一样有礼节、有气节，而这样的国家必然若北辰一样为他国所效仿和拥护。因而，德政的关键就在于有道德，尤其是君主有道德。因为"君子之德风，小人之德草，草上之风必偃"③，因而君主以仁心治国，以周礼为

---

① 《论语·为政》。
② 同上。
③ 《论语·颜渊》。

核心,"君君,臣臣,父父,子子"①。"子张问仁于孔子。孔子曰:'能行五者于天下,为仁矣。'""请问之。曰:'恭、宽、信、敏、惠。恭则不侮,宽则得众,信则人任焉,敏则有功,惠则足以使人。'"② 那么礼仪天下就是必然的结果,周初的大德流行就可以再现。为了达成这个目标,孔子花了十几年的时间周游列国。其间虽然屡屡受挫,仍坚持仁礼治国、德主刑辅思想,讲学论道,不管穷通否泰,都守道弥坚。由于孔子坚持不懈地教学和布道,这就吸引着一大群弟子,随他南北东西,出生入死。当然,这种精神曾引起遁世者的不解和讥笑,荷蓧丈人骂他"四体不勤,五谷不分";而楚狂接舆则狂歌:"凤兮凤兮,何德之衰!往者不可谏,来者犹可追。已而已而,今之从政者殆而!"③ 但孔子不为所动,仍然坚持游学宣讲。这得到了仪封人的称赞:"天将以夫子为木铎!"④ 木铎,是宣行教化时用的木铃铛。也就是说仪封人认为孔子是天派遣以宣讲仁义礼乐之人!

继孔子之后,孟子明确宣讲以道德治理天下,提出了"仁政"概念。孟子以仁政为核心,提出了王道政治的理想蓝图。"五亩之宅,树之以桑,五十者可以衣帛矣。鸡豚狗彘之畜,无失其时,七十者可以食肉矣。百亩之田,勿夺其时,数口之家可以无饥矣。谨庠序之教,申之以孝悌之义,颁白者不负戴于道路矣。七十者衣帛食肉,黎民不饥不寒,然而不王者,未之有也。""使民养生丧死无憾也。养生丧死无憾,王道之始也。"⑤ 但是要达到这个目标,就要民生与教化并重,"王如施仁政于民,省刑罚,薄税敛,深耕易耨,壮者以暇日,修其孝悌忠信,入以事其父兄,出以事其长上,可使制梃以挞秦楚之坚甲利兵矣"⑥。王天下就是易如反掌之事。作为仁政的对象,原则上当然是包括全民,但在具体实施上,对象仍然是有所选择的,因而孟子特意选择了与仁道精神相符合的始点:"老而无妻

---

① 《论语·颜渊》。
② 《论语·阳货》。
③ 《论语·微子》。
④ 《论语·八佾》。
⑤ 《孟子·梁惠王上》。
⑥ 同上。

曰鳏，老而无夫曰寡，老而无子曰独，幼而无父曰孤，此四者，天下之穷民而无告者，文王发政施仁，必先斯四者。"① 这是伟大的人道政治，也表现出一个伟大哲人的悲悯情怀。人类的政治无论如何演变，如果不能包括这种道德精神，就必然失去正义的基础，所以孟子主张仁政首先从这四者开始。孟子的仁政思想表现在政治上就是"以力服人者，非心服也，力不赡也；以德服人者，中心悦而诚服也"②，霸道政治是不能持久的，孟子在此公开地表明自己的观点就是反对暴力，主张以仁义来治理天下，"以德行仁者王"。"惟仁者宜在高位，不仁而在高位，是播其恶于众也"③，所以，如果不能做到仁政，"贵德而尊士"，那么这个政权就应该被转让给别人。也就是说包括天子在内，只不过都是天设定的职位而已。如果君主不能实行仁政，那么就应该由别人来代替他占有这个职位，去实行仁政。因而成汤伐桀和武王伐纣都是"征诛"而不是"弑君"，这种政权转移恰恰就体现了君权神授，所以古代圣王都是"禅而不传"的。君主的责任就在以德治国，"何必曰利，亦有仁义矣"。否则"上下交征利而国危矣"。仁义就是"仁之实，事亲是也；义之实，从兄是也"，"未有仁而遗其亲者也，未有义而后其君者也"。所以每个人都可以对仁政的出现做出贡献。以德治国，其实就是要求在改善民生的同时加强道德教化，建立社会的道德秩序。

如果说孟子倾向于从内心自省的角度来要求道德的政治实践，那么荀子则侧重于从社会角度来建立道德治国的制度基础。《荀子》记载："传曰：'君者，舟也；庶人者，水也。水则载舟，水则覆舟。'此之谓也。故君人者，欲安，则莫若勤政爱民矣；……是人君之大节也。""天之生民，非为君也；天之立君，以为民也。"由此，我们可以看到荀子其实就是在强调礼义的功能。通过对礼仪的强调来要求君主实行以德治国，"道者，何也？曰：君之所道也。君者，何也？曰：能群也。能群也者，何也？曰：善生养人者也，善班治人者也，善显设人者也，善藩饰人者也。善生

---

① 《孟子·梁惠王下》。
② 《孟子·公孙丑上》。
③ 《孟子·离娄上》。

养人者人亲之，善班治人者人安之，善显设人者人乐之，善藩饰人者人荣之。四统者俱，而天下归之，夫是之谓能群"①。所以，君主的责任就在于能够以礼仪来生养众人。礼义的起因则源于"养人之欲，给人之求"，"徒法不足以自行"②，法令必须以礼仪作为根本指导原则，王制或者礼治就是政治的实质。

综合来说，儒家在政治态度方面，孔子强调德治，孟子强调仁政，而荀子则提倡王制或礼治。由于德治相对来说很宽泛，属于原则性、理想型的一个描述，所以孟子以贴近现实的比喻来考虑治理工作；荀子则更强调依靠客观的王制或者礼治，也就是带有制度性的措施来推行王道政治。

道家虽然看重"道法自然"，对于德治也还是很重视的，但是对于道德的理解同儒家不一致。道家认为道德的标准化、程序化往往意味着束缚人的思想和行为，而道德的认定往往是很主观的一件事情，德与不德往往都是根据对一个人或者一个集团的利益而言的，所以道家常主张"无为"，主张相对主义。这表现在政治方面就是"无为而治"，《老子》第58章曰："其政闷闷，其民淳淳。其政察察，其民缺缺。"《老子》第19章曰："绝圣弃智，民利百倍；绝仁弃义，民复孝慈；绝巧弃利，盗贼无有。"意思是，统治者如果能把各种教化、知识教育、道德丢到一边，任由百姓顺应自然，百姓自然而然地就会具备应有的品德，清静无为，国家自然而然就可以实现大治。《庄子·天道》说："无为也，则用天下而有余，有为也，则为天下用而不足，故古之人贵夫无为也"，"帝王无为而天下功"。《管子·心术》提出了"无为之道，因也"。《慎子》也大力倡导"君道无为""大君任法而弗躬""臣事事而君无事"等观点。由此，才引发了后来黄老学派的"常道当以无为养神，无事安民""法道无为，治身则有益精神，治国则有益万民，不劳烦也……无为之治，治身治国也"，因而道家的德在于因应自然，自然而然。

墨家是在同儒家的争论中发展起来的。针对儒家的"爱有差等"，墨家则提出了"爱无差等"，因而墨家内部由于互相关爱，相对来说是很团

---

① 《荀子·君道》。
② 《孟子·离娄上》。

结的。针对当时诸侯争霸，墨家从小生产者的角度出发，主张"非攻"。据说，墨子为了制止楚国攻打宋国，曾不远千里到楚国说服楚王。墨家众弟子也是极力践行墨家理论，在社会上形成了"任侠使义""重诺"的风尚，极大地拓展了道德的应用范围。墨者巨子孟胜和楚国的贵族阳城君交往很深，阳城君便拜托他守卫封地。后阳城君因参与楚国内乱而出逃，楚国决心用武力收回阳城。孟胜打算为朋友死难，弟子徐弱极力劝阻，认为死之无益。孟胜回答道："吾于阳城君，非师则友也，非友则臣也。不死，自今以来，求严师必不于墨者矣，求贤友必不于墨者矣，求良臣必不于墨者矣。死之所以行墨者之义而继其业者也。"① 于是徐弱出于死节之义，先行撞死于老师面前。嗣后，墨家弟子与孟胜共同殉难的达八十三人。此后类似的事件屡有发生。由此墨家的"德"更看重的是现实的功义和影响。

法家给人的感觉是不讲情面，它以冷酷的面貌出现在世人的面前。法家以管仲、商鞅、李悝、慎到、申不害、韩非等人为代表。法家强调以明文条令作为行为的根本依据，因而，法家的道德在于强调对明确的法令的遵从。这在铁血征战的战国后期，相对于其他学派，确实更能集中众人的力量。最终依靠法家理论强大起来的秦国统一了天下。

三、秦汉时期德治思想下的政治实践

秦朝依靠法家理论统一了天下，由此盲目地相信"安天下"也可以依靠"严刑峻法"，"以吏为师"的做法而长久统治下去，却不知"治国之道，乱世以法，治世以德"。秦始皇"焚文书而酷刑法"，秦二世更是繁刑严诛，把法家理论推行至极致，天下苦不堪言。虽然如此，秦朝也并不是完全不讲道德，尤其是在职官的管理制度上，还是很看重为官之德的，《云梦秦简·为吏之道》记载："凡为吏之道，必精洁正直，慎谨坚固，审

---

① 张双棣等译注：《吕氏春秋·上德篇》，中华书局2007年版。

悉无私，微密纤察，安静毋苛，审当赏罚。"由此可见，秦朝的官吏守则中，道德要求占很大比重。秦律还规定了"五善"与"五失"的考课原则，"五善"即"一曰忠信敬上，二曰清廉毋谤，三曰举事审当，四曰喜为善行，五曰恭敬多让"①，可见其内容主要是对官吏道德品行的考察。但是这仅仅限于对官员管理的道德要求，对于民众并没有进行约束。当然，这也是因为六国刚刚被合并到统一的秦朝，各国道德在实际上仍然是起作用的，很难做到风俗习惯的一致化。但是由于秦律过于严苛，厚刑薄赏，且苛捐杂役繁多，道德严重受制于法令，这对于刚刚统一的秦朝民众来说是非常致命的。陈胜吴广起义的事实恰恰说明了这一点，天下百姓"苦秦久已"，于是准备戍守渔阳的部队在陈胜吴广的带领下决定反抗，"一夫作难而七庙隳"，群雄逐鹿，最终刘汉天下取代了秦王朝。

鉴于秦朝的迅速灭亡，汉朝初期采用黄老思想治理天下，休养生息几十年。同时，与秦朝强调法令优先不同，汉朝强调以孝为先，孝为德先，孝为首德。因为按照《孝经》而言，"夫孝，天之经，地之义"。汉文帝刘恒也曾说："孝悌者，天地之大顺也。"② 尤其是在汉文帝时期，文帝几次下诏，以孝为天下先，又减免百姓的税负。这就有了中国流传久远的敬老养老制度。据张家山汉简记载，汉王朝就敬老出台了一系列的优惠政策，涉及政治、经济、社会、文化等多个方面，比如：王杖制度、赐米制度、免老制度、皖老制度。王杖制度就是官府授予70岁以上的老人以长九尺、顶端雕有鸠形的手杖。持杖者可以被免除赋税差役等负担，而且范围还可以扩大为老人的家庭成员，在政治方面还可以按六百石官员的待遇看待，而若殴打持杖者，则按照大逆不道罪论斩。赐米制度则是对达到年龄标准的老人赐米，西汉初年是90岁，文帝时则放宽为80岁即可享受赐米一石、肉二十斤和酒五斗的待遇，90岁则在此基础上，增加帛二匹、絮三斤。这项制度到东汉则更是降到70岁了。免老制度，又称徭役免老，凡是到达56岁的编户齐民均可免除徭役。而针对年龄较高而又未及面老者，则有皖老制度，即减半服徭役，其子则可以免于参加运粮的差役。

---

① 司马迁：《史记·陈涉世家》。
② 班固：《汉书·文帝本纪》。

在当时的统治过程中，统治者更是提倡孝德，随时注意表彰孝行。例如，太医淳于意，又称仓公，被显贵诬陷下狱，其女淳于缇萦随入京城，上书皇帝，说"妾父为吏，齐中皆称其廉平，今坐法当刑。妾切痛死者不可复生，刑者不可复续，虽复欲改过自新，其道无由也。妾愿入身为官婢，以赎父刑罪，使得改行自新"。结果，文帝不仅赦免其父，并且废除了残酷的肉刑。这不仅因为缇萦的孝心、行为感动了统治者，更因为行为本身是同汉朝所谓"以孝治天下"相符。

到了汉武帝时期，董仲舒认为法"能刑人而不能使人廉"，"能杀人而不能使人仁"①。《淮南子·秦族训》中也说："民无廉耻，不可治也"；"民不知礼仪，法弗能正也"；"无法不可以为治也，不知礼仪不可以行法也"。于是，董仲舒上书皇帝，请求"诸不在六艺之科孔子之术者，皆绝其道，勿使并进"，得到皇帝的认可。于是孔子的礼义道德教化被置于治国的首位，这对官吏的道德素养、礼仪文化提出了更高的要求。也就是从汉武帝开始，汉朝开始"绌抑黄老，崇尚儒学"，大量熟知儒家礼仪道德规范的人进入仕途。汉朝选官的主要途径是察举制，其法定的主要标准为"四科取士"和"光禄四行"。"四科取士"为："一曰德行高妙，志节清白；二曰学通行修，经中博士；三曰明达法令……四曰刚毅多略……皆有孝悌廉公之行"②。"光禄四行"为"质朴、敦厚、逊让、节俭"③。这就是汉朝的"举孝廉"。但是举孝廉一开始是两个科目："孝"与"廉"是分开的，即孝子与廉士，后来合称为"孝廉"，这才是汉代察举制中最为重要的岁举科目，"名公巨卿多出之"。举孝廉成为汉代政府官员的主要来源。由此不难看出，汉朝选官是按照德、才、能的顺序进行考察的，德被置于首位。

针对同时期的边疆管理，汉朝同样也是强调以德为先，武力只是保证道德推行的后盾。张骞出使西域，对西域各民族讲求信誉，以道德为先，使西域各民族皆愿意同西汉王朝联盟抗击匈奴。尤其是在汉王朝大败匈奴

---

① 桑弘羊撰、王利器校注：《盐铁论校注》卷十《申韩》，中华书局1992年版。
② 范晔：《后汉书·百官志》。
③ 《后汉书·吴佑传》。

之后，西域诸族更愿意同汉王朝交往。此后贰师将军李广利对待西域也是以和平、威德为主。李广利在征讨匈奴途中，一路打仗，一路军垦，开荒种植粮草，还同时向西域各国传授农业技术。这样，他以和平手段瓦解了那些依附于匈奴的西域各国，使西域各国民心归附于汉王朝。同时，这个办法也解决了汉军的粮草给养问题。应该说，李广利的这套文武之道，以武力为基础宣扬道德的战法，非常有效。后来赵充国就使用这种战法一举击溃了氐羌动乱祸首狼何，将氐羌大地扩张成为中国之地，西域"皆内属焉"。正是李广利的这套以德为主的战法，使汉家军队在远离中国本土的西域作战，居然可以获得西域各国人民群众的劳军和给养，这样的军队，能够不打胜仗吗？汉宣帝正是凭借这样的基础在西域设置了西域都护府，以郑吉为首。郑吉是继李广利之后成功经营西域的汉王朝官员，他接手李广利开辟的渠犁的军垦事业，在轮台地区设立了西域都护府，并且在这一带继续开垦了许多农田和水利工程。同时，郑吉还联合亲汉邦国，威慑有二心的其余邦国，使西域各国走向稳定。最终才有"汉之号令班西域矣，始自张骞而成于郑吉"①的说法。

但是由于道德主要依靠德行来号召众人，在制约众人的行为方面往往表现软弱，尤其是在某些人的强硬对立的态度之下。因此，汉朝的统治事实上是"汉家自有制度，本以霸王道杂之"，也就是说汉朝主要强调王道政治，以礼仪教化为主，但是也依靠暴力作为其后盾。汉宣帝执政时期，在强调法治的同时，更注意道德的教化，主要是儒家的道德礼仪教化，利用道德的教化来加强统治，在这方面，他重视程度比诸汉武帝有过之而无不及。一方面，他下令地方"谨牧养民而风德化"②；另一方面，在中央政府，延聘名儒讲授儒家经典，增设经学博士，扩大儒家道德的影响范围，同时在政策实施过程中，以儒家道德来为政策增添道义色彩。比如，安置受灾流民，遇有水旱灾害，往往下诏令减免租税，禁止官吏擅兴徭役。由于汉宣帝的一系列以德为主的安抚政策，使百姓能够在安定的社会环境中生活劳动，从而农业生产获得了大的发展，粮食增收，谷价下跌到

---

① 班固：《汉书·郑吉传》。
② 同上书，《汉书·元帝纪》。

西汉以来最低价。历史上称这段历史为"昭宣中兴"。

在某种程度上说，正是由于汉家王朝不断地强调道德教化，尤其是宣扬忠孝理论，"汉德未衰"，因而王莽篡政时期才有了众多武装打着"匡扶汉室"的旗号起义。当然更主要的原因则在于，王莽打着道德旗号的改革，由于现实错综复杂的利益关系而纷纷失败，使人们生活更加艰难。同时，王莽在民族问题上也是一反传统的联盟政策，对少数民族采取了各类歧视政策，结果引发了少数民族的反抗，匈奴趁机作乱，西域和中原联系中断。最终王莽政权在内外反对声中不得不垮台。

在反对王莽的斗争中，汉光武帝刘秀作为西汉王朝的继承者脱颖而出。先是刘秀不畏新莽声势滔天的大军，巧妙盘旋，英勇作战，以少胜多，以弱胜强，取得了昆阳大捷；后是对投降的铜马义军推心置腹，最终，跨州据土，带甲百万，得以在其支持下称帝。

但更重要的是光武帝在重建汉王朝之后开始的"注意民生，与民休息"政策。可以说，历来德治相当重要的一个衡量标准就是看是否重视民生。光武帝在河北高邑称帝后，他招募州中各地王莽时期二千石级别的旧吏置于自己幕府，并开诸郡谷仓济贫，使人能赡其父母、养其妻子。由于刘秀来源于民间，很能理解民意之所急。建武二年，他颁布了大赦天下的诏令。诏令中说："天地之性人为贵，其杀奴婢，不得减罪。"并且他九次颁布诏令释放奴婢，禁杀奴婢，使历史上长期遗留下来的奴婢问题得到解决，化解了社会矛盾。此外，刘秀知道许多人是由于生计所迫才犯罪的，因而，他还把大量罪徒赦免为民。建武五年夏，国中不少地区发生旱灾、蝗灾，刘秀下诏："罪非犯殊死一切勿案，见徒免为庶人。务进柔良，退贪酷，各正厥事焉。"

鉴于西汉后期吏治败坏的积弊，光武帝注意整顿吏治，躬行节俭，奖励廉洁，选拔贤能以为地方官吏；并对地方官吏严格要求，赏罚从严。经过一番整顿之后，官场风气为之一变。故《后汉书·循吏传》有"内外匪懈，百姓宽息"之誉。

由于历年战乱，民生凋敝，光武帝恢复了西汉的休养生息政策。首先是倡导薄赋敛，建武六年，光武帝下诏恢复西汉前期三十税一的赋制。其次是省刑法。再其次是偃武修文，不尚边功。建武二十七年，功臣朗陵侯臧宫、扬虚侯马武上书：请乘匈奴分裂、北匈奴衰弱之际发兵击灭之，立"万世刻石之功"。光武帝不为所动，下诏说："今国无善政，灾变不息，人不自保，而复欲远事边外乎！……不如息民。"

由于历来官员皆由百姓来供养，建武六年光武帝下诏令司隶州牧简化机构，裁撤冗员，于是"条奏并有四百余县，吏职省减，十置其一"①。同时，他大规模削减兵力，尽量免除百姓兵役。

光武帝不光重视物质生产，同样很看重道德的教化。他先是在洛阳修建太学，设立五经博士，恢复西汉时期的十四博士之学；还常到太学巡视和学生交谈。在他的提倡下，许多郡县都兴办学校，民间也出现很多私学。光武帝还继承了西汉时期独尊儒术的传统，在太学设置博士，各依家法传授诸经。他巡幸鲁地时，遣大司空祭祀孔子，后来又封孔子后裔孔志为褒成侯，用以表示尊孔崇儒。鉴于西汉末年一些官僚、名士醉心利禄，依附王莽，光武乃表彰气节，对于王莽代汉时期隐居不仕的官僚、名士加以表彰、礼聘，表扬他们忠于汉室、不仕二姓的"高风亮节"。这一系列的文治武功，不仅迅速稳定了民生，更在社会上形成了重视道德评价的社会风尚，极大地降低了东汉的统治成本，而且还奠定了汉初近百年的社会稳定基础。这个时期被人称为"光武中兴"。

东汉的边疆政策同样也是延续西汉的政策，强调以德为主。班超经营西域三十年，恢复原来的怀柔政策，以德为先，拉近了西域诸国同东汉政府的关系，《后汉书·班超列传》记载"西域五十余国，悉皆纳质内属焉"。班超在对接任者进行交代时，把他处理民族关系的经验总结为"宽小过，总纲要"，就是要对各个民族的分歧加以妥善处理，尽量不计较其小的过失，毕竟各民族都有自己的信仰禁忌；对因为局部的、小的矛盾尽量疏浚、调解，而不要强制、勒迫；看待民族关系尽量要从大的原则出发，以德待人，以德服人，求同存异，只要能把握大的方向即可，不必苛求，而且政策要尽量保持延续性。这样使东汉和西域的关系保持了长期的

---

① 范晔：《后汉书·光武帝本纪》。

稳定发展。

但王朝的延续并不仅仅是道德来主宰的。长时间的稳定，主要是统治集团的争权夺利，东汉慢慢走向了衰落。虽然如此，长时间的道德教化仍然成为了人们判断事物的标准，还是在众人心中留下了深刻的痕迹。《后汉书·党锢列传》记载："逮桓、灵之间，主荒政缪，国命委于阉寺，士子羞与为伍，故匹夫抗愤，处士横议，遂乃激扬名声，互相题拂，品核公卿，裁量执政，婞直之风，于斯行矣。"于是，天下游学结党，共相标榜，就有了"三君""八骏""八顾"等清议活动中的名士。他们痛斥阉宦，以儒家名教为衡量标准，主持天下清议，引导朝野道德。可以说，一时之间，英俊辈出。清议在当时起到了激浊扬清的作用，维护了社会稳定。正是由于清议触犯了掌权宦官的利益，最终宦官借助于皇权，两次以"党人"罪名禁锢清议之士，大肆放逐或者杀害正直之士，直接导致了东汉走向解体。这就是历史上有名的"党锢之祸"，也是道德与权力之间一次惨烈的斗争。

这股清议之风在高压之下后来逐渐地变味为清谈了。到了魏晋时期，嵇康继承了清议名士的高自标持、刚烈峻急的一面，于是他和党锢之祸中先后遇难的清议领袖陈蕃、李膺一样，为了理想、公义、人格尊严和精神自由而蹈死不顾，最终以自己的生命注解了魏晋风骨。阮籍则持中和之性，在政治高压下采取了一种"非暴力的不合作"态度，韬光养晦，勉强得以善终。嵇康的被杀，宣告了汉末以来民主清议之风的终结，而阮籍的终于晚节不保，为司马氏写下有"宿构""神笔"之誉的《劝进文》，则说明名士的清议已经发展为"亦仕亦隐"、首鼠两端的清谈。此后，在混乱的魏晋南北朝时期，道德几近一蹶不振。

四、唐宋时期德治思想下的政治实践

魏晋南北朝时期由于诸侯割据，相互混战，各个王国只能统治自己有限的区域。北方游牧民族纷纷南下，他们很少像汉地儒家那样关注道德。

因而，南北朝时期，向来被后世儒家认为是道德败坏时期，儒家的名教在此时遭到统治者的激烈驳斥。虽然人性得到了极大的解放，但是却几乎没有统治者强调以德为天下，或者大力提倡道德，至多是社会上有一些道德的事例但却构不成风气。

最终隋朝通过南北征战，统一了天下。隋文帝鉴于天下刚刚统一，正是百废待兴之际，因而躬身节俭，整饬吏治。隋文帝不仅裁撤冗员，还派人巡检各地，处置了几百名贪官污吏，甚至处置了自己的儿子。这极大地减轻了百姓的负担。隋文帝在"专尚刑名"的同时，并不轻视礼仪教化。事实上，他仍然坚持了儒家传统的"德主刑辅"思想。仁寿二年，文帝下诏说："礼之为用，时义大矣哉。"又说："今四海义安，五戎勿用，理宜弘风训俗，导德齐礼。""道德仁义，非礼不成，安上治人，莫善于礼。"①其实都是在说，国家已经统一，社会相对安定，礼仪道德的教化就应该上升为国家的主要工作。为此，隋文帝在中国历史上第一次开创了科举制度，以儒家的礼仪道德来选拔官员，既宣扬了儒家的教化，又为统治的延续保证了合格官员的来源。这可说是"导德齐礼"，"以德代刑"。

但是随后继位的隋炀帝统治残暴，重蹈秦朝覆灭的覆辙。不过数年，隋朝就为李唐天下所取代。李渊父子亲身参加了隋末起义，亲眼看到了民众的强大力量，为了保证李氏天下的长治久安，唐朝统治者在天下大定之后，以"德礼为政教之本"为指导，强调道德礼仪在治国中的作用，尤其是强调对官员道德素质的管理。一方面，唐朝继承并完善了隋朝的科举制度；另一方面，更加强调官员的选任与监察。毕竟，作为科举制度，只是官员多种出身的一种途径，许多官员还可以通过更多的途径进入仕途，因此，唐朝强调对官员的道德管理，从而保证对天下的有效统治。吏部录取官员的考试主要从体貌、言词、楷法和文理等四方面进行，若"四事皆可取，则先以德行，德行均以才，才均以劳"②。唐朝对官吏考绩的法定标准则为"四善二十七最"。所谓"四善"专指品德："一曰德义有闻，二曰清慎明著，三曰公平可称，四曰恪勤匪懈。""二十七最"主要是根据不

---

① 魏徵等撰：《隋书·帝纪第二·高祖下》，中华书局2008年版。
② 杜佑撰：《通典·选举》，中华书局1988年版。

同部门的职责规定的具体标准,其中第三条是"扬清激浊、褒贬必当,为考校之最"。唐朝对流外官也有考核,考核分为四等第进行,《唐六典》规定:"流外官本司量行能功过,立四等第而免进之:清谨勤公,勘当明审为上;居官不怠,执事无私为中;不勤其职,数有愆犯为下;背公向私,贪浊有状为下下。"另从唐玄宗时制定的监察法规——《六察法》的内容来看,六察中的第一察便是"察官人善恶"。由此可见,唐朝对职官的选任、考核和监察,都把道德品行放在首位。

一般被世人最为称赞的是唐太宗李世民时期。《贞观政要·政体》记载:"商旅野次,无复盗贼;囹圄常空,马牛布野,外户不闭。又频致丰稔,米斗三四钱,行旅自京师至于岭表,自山东至于沧海,皆不赍粮,取给于路。"贞观之治往往被历代儒家认为是德治的一个典范,《贞观政要》集论的撰者元朝的戈直更是称赞说:"夫太宗之于正心修身之道,齐家明伦之方,诚有愧于二帝三王之事矣。然其屈己而纳谏,任贤而使能,恭俭而节用,宽厚而爱民,亦三代而下,绝无而仅有者也。"他认为正是由于太宗倡导实行德治,从而取得了天下大治的成就。唐太宗即位之初就说:"朕看古来帝王,以仁义为治者,国祚延长;任法御人者,虽救弊于一时,败亡亦促。既见前王成事,足是元龟。今欲专以仁义诚信为治,望革近代之浇薄也。"于是,太宗在政治上大力提倡推行儒家的礼仪教化,一是亲近并重用儒生。《资治通鉴》载:"天下既定,(太宗)精选弘文馆学士,日夕与之议论商议者,皆东南儒生也。然则欲守成者,舍儒何以哉!"因为在当时来说只有儒生精通社会所认可的伦理道德。二是建立崇儒的机构和制度。据《贞观政要》载:"太宗初践阼,即于殿之左置弘文馆,精选天下文儒。贞观二年,诏停周公为先圣,始立孔子庙堂于国学,稽式旧典,以仲尼为先圣,颜子为先师,两边俎豆干戚之容,始备于兹矣。"三是确立以儒家经典为学校教育与科举的主要教材,如在唐初科举考试中影响较大的明经科,即把《孝经》和《论语》作为必考的科目,并以《礼记》《左传》为大经,以《诗经》《周礼》《仪礼》为中经,以《周易》《尚书》《公羊传》《穀梁传》为小经。为了贯彻落实这些主张,太宗还在日常生活中,不断用儒家的道德条目来要求自己,率先垂范,从而在臣民中树立了一个圣主明君的形象：礼贤下士，谦抑自律，清心寡欲。由于礼贤下士，虚心听从臣下的劝谏，群臣感受到了君主的诚心和君主对个人的意见尊重，就能积极主动地为朝廷尽心尽力，避免了国家因为君主的独断专横所带来的祸患。对于人民，太宗则强调休养生息，减轻民众的徭役负担，注重救济百姓。这样也使德治有了一个可靠的民众基础。即便如此，当时人们对于实行德治还是很有怀疑的，只有魏征大力支持。太宗每力行不倦。数年间，海内康宁，突厥破灭，因谓群臣曰："贞观初，人皆异论，云当今必不可行帝道、王道，惟魏征劝我。既从其言，不过数载，遂得华夏安宁，远戎宾服。"在道德与法律两者的关系上，唐太宗采取了重道德轻法律的思想。贞观六年年底，唐太宗亲自考阅犯罪情况。当时全国判死刑的有290人，唐太宗让这些死刑犯全部回家，并规定第二年秋末让他们自动归来服刑。结果到了约定的期限，这些死刑犯一个不差地回来了，唐太宗因此把他们的死罪全部免除。从事件本身来看，有感于唐太宗的仁慈，这些死刑犯都做到了诚信，这确实是值得称道的德政。然而这种法外开恩无疑是对法律的公正和严肃的践踏，因而不值得仿效。但于此我们却可看出唐太宗重道德、轻法律的基本思想倾向。还有，贞观年间广州都督党仁弘违法，当判死刑。唐太宗因其年迈，决定法外开恩，免除党仁弘的死刑。为了取得臣下对他这一举动的谅解，他特下罪己诏，承认自己的做法是枉法行为。在当时的历史条件下，唐太宗的行为确实感动了不少人。因为他免党仁弘死罪是因为党仁弘年迈，所以他心有不忍，但是毕竟该人确属违法，因而唐太宗为自己的特赦行为下罪己诏，这对一个掌握生杀予夺大权的帝王来说，也属难能可贵。如果我们仔细分析一下唐太宗的心理动机，无疑在于他认为自己法外开恩与下罪己诏所达到的效果会远远超过严格执法所产生的效果。事实上的效果也确是如此："贞观四年，断死刑二十九人，几致刑措。东至于海，南至于岭，皆外户不闭，行旅不赍粮焉[①]。"

与此同时，针对边疆问题，唐太宗对少数民族实行的是"绥之以德"

---

① 刘昫等撰：《旧唐书》卷三。

的团结安抚政策，缔造了民族融合和繁荣的德治实践。唐太宗摒弃了以武力镇压少数民族的传统政策。《贞观政要》："朕即位之初，有上书者非一……或欲耀兵振武，慑服四夷，惟有魏征劝朕'偃革兴文，布德施惠，中国既安，远人自服'……九夷重译，相望于道。"从而出现了"胡越一家"的繁荣景象。唐太宗还说"戎狄亦人耳，情与中夏不殊。人主患德泽不加，不必猜忌异类。盖德泽洽，则四海可使如一家；猜忌多，则骨血难免为仇敌"。"德泽洽"，即不分彼此，一视同仁，绥之以德，则汉夷各族团结融洽，如同一家之亲；相反，"猜忌多"，互不信赖，歧视欺侮，则只能造构怨恨和冲突，骨肉都难免相互仇视。因此他在总结自己成功的边疆民族政策经验时说："自古皆贵中华，贱戎狄，朕独爱之如一，故其种落皆依朕如怙恃。"在唐王朝的开明怀柔政策指引下，统治者自动与一些少数民族建立亲戚加君臣关系沿袭成风。唐太宗把文成公主嫁给吐蕃首领松赞干布。唐太宗死后，高宗授松赞干布为驸马都尉，封为西海郡王。中宗时，又以金城公主嫁给吐蕃赞普弃隶洮赞，长庆元年（821年），唐朝与吐蕃会盟，建立了"长庆会盟碑"。这块称颂社稷如一的石碑至今仍然保留在拉萨市大昭寺。其他少数民族也是如此。许多少数民族成员不但同唐人一样可以自由自在地生存，还可以做官，著名的少数民族将领阿史那思摩、执思失力、契苾何力、黑齿常之，乃至后世的高仙芝、李光弼等都为政府做出了杰出贡献，在他们身上正好反映出李世民族政策的光辉。

在李世民之后治理唐朝的唐高宗、武则天等继续沿用太宗的统治理念和政策，使社会各个方面都取得了进一步的发展。但是到了武则天统治晚期，统治集团内部出现争权夺利，导致社会不稳定，李隆基最终取得了统治权，成为唐玄宗。唐玄宗遵循儒家的德政思想，任贤使能，革新吏治，最终使唐朝能够继续发展，取得了开元盛世的成就，这在当时世界上也是非常辉煌的一个时期。但是唐玄宗没有将自己的治国政策坚持下去，他统治后期由于耽于女色，宠信奸佞，而地方势力又不断地坐大，最终酿成了安史之乱。这使唐朝由盛转衰，最终走向灭亡。中国也逐步步入五代十国时期。这个时期，武夫当政，为了保存自己的统治，各个割据政权纷纷崇尚武力，相互混战，道德被束之高阁。

宋太祖赵匡胤陈桥兵变之后，为了保证赵宋天下的长治久安，他强调要恢复儒家的德治思想，提倡儒家的仁义教化，奉行"文以靖国"的政策。于是宋太祖设立了"誓牌"，要求后来的皇帝遵守，内容就是："其戒有三：一、保全柴氏子孙；二、不杀士大夫；三、不加农田之赋"，这就保证了赵宋王朝道德上的主动权。同时，为了强化儒家的仁义教化，他完善科举，创设殿试，厚禄养廉，最终成为我国历史上备受推崇的一代文治之君，彻底扭转了唐末以来武夫乱政的黑暗局面。针对地方势力的强大，宋太祖通过"杯酒释兵权"等一系列的巧妙手段，解除了地方割据势力对中央的威胁，强化了中央集权，避免了藩镇割据的悲剧。对于民众，宋太祖则强调减轻徭役，赋税专收，澄清吏治，劝讲桑农，这样，赵宋不仅很快医治了战争创伤，而且很快就达到了空前繁荣的局面。作为个人，宋太祖更是强调以身作则，践履德化，后人往往认为他人格近于完善：心地清正，疾恶如仇，宽仁大度，虚怀若谷，好学不倦，勤政爱民，严于律己，不近声色，崇尚节俭等等。这对于社会风气的好转起到了很关键的作用，而这又正符合儒家所强调的一贯原则："君子之德风，小人之德草"，因此德治的关键在于统治者，尤其是皇帝个人。于是，宋朝士大夫一直强调道德的优先性，这甚至贯穿于宋朝朝野内外的决策方面。

在外交方面，宋朝的知识分子非常相信道德的感化力量，赵普在《上太宗请班师》中针对少数民族的关系写道："前代圣帝明王无不置于化外，任其随逐水草，皆以威德御之。"同为北宋士大夫的田锡在《上太宗论军国要机朝廷大体》中指出："然自古制御蕃戎，但示之以威德。示之以威者，不穷兵黩武，不劳人费财；示之以德者，比之如犬羊，容之若天地，或来朝贡亦不阻其归怀，或背骝盟亦不怒其侵叛……"孙觉在《上神宗论自治以胜夷狄之患》中也说："盖陛下新即大位，夷狄未见威德，故敢或为侵侮以窥我边。朝廷整饬戎备，选置任使，未为失计也。"有这些处处可见的例子，就可以发现宋儒普遍认为只要王者的德行到达一定程度，那么蛮夷就会来归附。这一方面督促了皇帝注重德行，爱怜百姓，营造海内繁荣昌盛的局面；另一方面则造成了宋朝君臣过于重内轻外，武力不昌的结果。

也正是在两宋之际，中国形成了统治中国封建社会后期几近千年的宋明理学。宋代理学竭力宣扬儒家伦理，大肆张扬舆论的力量。再加上宋朝一开始强调的"文以靖国"基调，宋朝没有出现太多的封建集团内乱，群臣则相对敢于直言，恪尽职守。宋朝由此也就成为历史上自春秋战国以来第二个学术自由发展的时期。宋朝的书院制度非常发达，著名的四大书院（岳麓书院、白鹿洞书院、鹅湖书院、嵩阳书院）成为儒家弟子吸取文化乳汁的圣地，"道林三百众，书院一千徒"。这极大地拓展了儒家伦常的影响范围，也使当时的士大夫反思并发展了儒家的伦理道德。宋仁宗赵祯爱好学习，崇拜儒家经典，赵祯首次把《论语》《孟子》《大学》《中庸》拿出来合在一起让学生学习。四书五经成为太学规定的必修课程。其他军事、科技方面宋朝也持宽大态度，均设有专门学校供学生学习。此外宋还有大量的家塾、舍馆、书会等学习场所宣扬伦理道德。正是有了奠基于家族观念之上的宋朝理学，儒家的道德礼仪才真正进入民众的生活，并内化为人民的自我约束。也正是随着道德的普及，德治的理念也就开始成为读书人普遍坚持的主张，三纲五常则成为人们道德的一种共识。所以说，宋朝的德治实践关键在于道德的民间化和普遍化。

五、明清时期德治思想下的政治实践

宋朝虽然在道学方面、社会经济方面有了很大的发展，但是由于不断遭受外族入侵，本身军事实力一直偏弱，最终在外族不断入侵的情况下亡于元朝。元朝虽然是少数民族建立的国家，可是在长期征服过程中逐步接受了先进文化的影响。在理学知识分子的影响下，儒家的伦理纲常更广泛地传播到全国各地。元朝统治者也不得不按照汉族的方式来进行管理，以儒家的道德伦理为主进行社会统治，以科举方式为主选拔汉族官员。在此期间，大量的知识分子为了宣扬儒家的伦理纲常，克服种种艰难困苦，进行着不懈的努力。许衡以北方儒学领袖的身份应朝廷征召出仕元廷，有人问他:"公一聘而起,无乃太速乎?"他回答说:"不如此,则道不行。"①之后,与许衡齐名的刘因被召,但是他并不应召,有人问他,刘因说:"不如此,则道不尊。"这就是元朝道学的"两义各千古"②。在士大夫的努力之下,儒家的伦理纲常破除了元朝统治者的阻力,仍然保持了发展的势头。

继元朝而建立的明朝注重恢复汉族的文化礼仪。明太祖除了对百姓强调休养生息,积极兴建水利,发展农业生产,还关注具体的民生。按照《明太祖实录》记载,洪武七年八月,朱元璋曾给南京、华亭的官员下旨,让他们盖房或者翻修旧房,供没有住房的穷人居住。这两道旨意下发之后,地方官很快地执行了。朱元璋认为试点成功,于是在当年年底,又要求朝廷官员:"令天下郡县访穷民,无告者,月给以衣食,无依者,给以屋舍。"但朝廷官员认为不可能。朱元璋回答说:"尔等为辅相,当体朕怀,不可使天下有一夫之不获也。"不可否认,朱元璋的要求在当时来说确实有点儿高了,但是他的理想是好的,朱元璋是第一个也是唯一逼着官员在全国范围内给穷人盖房的皇帝。

围绕着民生这个活动,朱元璋强调打击贪官,强化教育。打击贪官可以说是贯穿整个洪武年间,打击力度也称得上是历史之最,贪污数额定的标准很低(六十两银),而刑罚定得却是非常严酷(剥皮实草)。此外,他认为强化教育可以改善整个社会风气,"学校是风化之源",由此他强调对学校教育的管理。为了保证教育,为了其统治需要,他把八股文定为科举考试的唯一形式,而且从一开始他就引导道德为其政治服务,并逐步地将道德政治化,由统治者来决定道德的对错。比如,针对孟子所言的民为重、社稷次之、君为轻,朱元璋认为这是对君权的一种蔑视,便要求把原著中的话删去。这种做法被后来的统治者所继承,这就构成了后几百年中国的"君师一体",极大地伤害了中国道德的自主发展。当然,朱元璋也强调学与行的统一,认为圣贤之道在于济世安民。所以在各级官办学校中要求教员同时关注民生。与此同时,洪武皇帝出身民间,深知民间伦理纲

---

① 黄宗羲:《宋元学案》。
② 同上。

常的重要性，由此特别继承并进一步完善了自古以来的尊老制度，在社会地位方面，强化对老人的尊重，给予物质和精神两方面的资助，免除徭役，甚至还享有法律、进学等多方面的优惠政策。这样，明太祖朱元璋一方面强化君主权力，一方面通过道德宣扬，稳定了社会秩序。

明成祖成为皇帝后，继续注重儒家教育。鉴于典籍方面的混乱，为了保证文化的顺利发展，永乐皇帝还特别动用三千多文人修纂了《永乐大典》，保留了大量典籍原来的风貌，极大地发展了中国的图书事业和文化事业。永乐年间，郑和数次下西洋，也是以德为主，既宣扬了中国的强大国力，也宣扬了中国特有的文化与礼仪，而没有像后来西方殖民者那样进行掳掠。有数位海外的君主或宗室随船队到了中国，并在中国定居。

到了仁宗、宣宗两朝，励精图治，出现了社会经济的繁荣。仁宗时"停罢采买，平反冤滥，贡赋各随物资产，陂池与民同利"①。宣宗时实行重农政策，赈荒惩贪。仁宣两朝，内阁大学士杨士奇、杨溥、杨荣执掌朝政，多有建树。他们在位期间成为明朝历史上少有的吏治清明、经济发展、社会稳定的时期。这被后世称为"仁宣之治"，媲美于西汉"文景之治"。可是由于封建社会此时已经进入衰败期，此后统治者更加倾向于专制、集权。事实上，朝廷的统治在当时社会舆论中往往被评价为残暴、腐败、昏庸，尤其是明朝中后期。

但是比之于统治者的德治，这个时期社会当中的道德指向更为主要。由于宋朝理学的建立以及几百年的推广流传，明朝时期儒家的伦理纲常在社会中已经占据了非常重要的地位，并深刻地影响着当时的政治发展。程朱理学最大的一个特点就在于建立了以"天理"为核心的伦理思想体系，天理其实就是以纲常名教为核心的伦理道德体系，人伦就成为天理，人的伦常就成为天道法则，这样以血缘家族为核心而建立的纲常名教就具有了神圣性和永恒性。"存天理，灭人欲"就成为个人道德修养的目标，或者说，三纲五常这些君臣父子之间的关系道德就成为维系人们日常行为的一个基本准则。明清两朝为了更为彻底地贯彻这些纲常，更是不断高扬人的

---

① 黎靖德编：《朱子语类》卷四。

主体性，强调道德的个体性。明朝中期王阳明提出"致良知"，要求"知行合一"，就是士大夫对个人道德修养追求的一个典型代表，"破心中贼"就是明时士大夫的严于道德自律的一个形象比喻。王阳明认为，一切问题的关键在于人内心的认识，天理主要来自于人内心的体认。他把对以伦理纲常为主的天理的体认认作是人天生的本能的认识，这天理是永恒的，神圣的，不可更改的。人生存的目标就在于实现自己，而认识到天理与个人目标的一致性并在现实当中实现出来，就是最大的实现自己。所以人们应该时时刻刻反省自己是否做到了知行合一，而不是指责外在的社会条件，也就是每时每刻都要用儒家的伦理纲常来要求自己的言行。事实上，王阳明自己不仅这样认为，他也是这样去行动的。王阳明出身官僚家庭，早年笃信程朱理学，但没有取得相应体验。仕途生涯中，曾由于反对宦官刘瑾专权而受罚被贬贵州龙场驿，也曾经屡立功勋却被权宦压制甚至打击。但是王阳明坚持了自己的理念，把三纲五常当做自己的良知，以良知来约束自己的行为，以文人之身行军旅之事，却始终不骄不躁，最终被社会认可为圣贤，死后陪祀孔庙。

明朝内阁制在永乐皇帝之后，逐步发展成为足以对抗皇权的文官政府代表。明武宗浪漫好战，却因为有杨廷和等阁老主撑内阁未成大乱。经过嘉靖、隆庆朝的发展，万历朝早期应该是内阁权力极盛的时期，张居正改革让内阁成为政府运转的中枢。这样即使皇帝不上朝理政，国家机器也能依靠一班推崇儒家道德纲常的大臣和一整套政务流程维持正常运转。而正是由于这些文臣的统治，政府开始利用权力引导道德的发展。儒家的伦理纲常本就由于长期的理学宣传深入人心，现在在官府努力之下，社会开始形成由舆论控制的发展模式。一方面，官府管理加强道德影响，比如，原来的春秋决狱，就是根据道德动机来判断事情对错，现在加以推广；另一方面官府开始通过一系列措施引导社会舆论，进而影响道德伦理纲常的发展。明太祖时本就有对贞节的提倡，比如"表彰民间寡妇，三十以前，夫亡守志，五十以后，不改节者，旌表门闾，除免本家差役"。现在内阁更是通过贞节牌坊来保证"君为臣纲，父为子纲，夫为妻纲"①，对于士人则通过理学、心学等加强儒家道德修养，鼓励人们保有自己的节操。这使明朝时期，社会的上上下下都能够按照道德习俗的要求来约束自己。有后人称赞说大明无汉唐之和亲，无两宋之岁币，天子御国门，君主死社稷，当为后世子孙所敬仰。在这种相对宽松的社会条件下，明朝时期成为我国最后一个学术辉煌时期，自然科学、农学、医学、哲学都达到了我国封建社会的高潮，文学出现了繁荣景象，商业非常发达，出现了资本主义萌芽，政治上也出现了新气象。

由于道德的提倡，社会氛围在短时期内是很宽松的，这样社会上出现进步的政治发展倾向。明朝晚期的东林党就是一个典型代表。明代晚期江南士大夫顾宪成等修复宋代杨时讲学的东林书院，与高攀龙等讲学其中，"讲习之余，往往讽议朝政，裁量人物"②，其言论被称为清议。而朝士慕其风者，多遥相应和。这种政治性讲学活动，形成了广泛的社会影响。"三吴士绅"、在朝在野的各种政治代表人物等等，一时都聚集在以东林书院为中心的东林派周围，时人称之为东林党。由于明朝晚期政治腐败，宦官专权，引发社会不安，东林党人以儒家的伦理纲常为依据，反对矿监税使的肆意掠夺，同时主张开放言路，实施改良，保护农业以外的其他行业的发展等等，都得到了社会的广泛支持。东林党人领袖顾宪成就说："当京官不忠心事主，当地方官不志在民生，隐求乡里不讲正义，不配称为君子。"所以政治的关键不在于君主，而在于民众。高攀龙则以道德为标准来衡量为政的得失："君子为政，不过因民之好恶"，"君子之所为，直要通得天下才行得"去判定是非；主张"有益于民"，即使有损于国，也须"权民为重，则宜从民"。刘宗周更是建言崇祯帝说"流寇本朝廷赤子"，大胆提出皇帝应与大臣分任其咎。可以说，这些民主性质的言论已然意味着中国道德发展和政治发展的一个新方向。但是由于明代的封建社会固有的政治腐败，东林党也遭到了宦官集团的不断打击，这种斗争一直持续到了南明覆灭。

---

① 董仲舒：《春秋繁露》，商务印书馆1983年版。
② 张廷玉等：《明史·顾宪成传》，中华书局1974年版。

在经历了二百多年的统治后，明王朝亡于农民起义的风暴中。清军借机入关，逐步以少数民族的身份建立了清朝在中原大地的统治权力。在儒家传统中，由于夷夏之辨被认为是事关节操的民族大义，再加上清军征服汉地过程中的血腥和对汉地文化的肆意破坏，这就造成了贯穿清朝始终的反清运动。为了巩固统治，从顺治开始，清朝以儒家的三纲五常作为维护君权统治的基本原则。在这方面，康熙更加明确，他在严申法纪、"讲法律以儆愚顽"的同时，尤其重视德治。他借鉴了明太祖试图把道德掌握在自己的手中的做法，明确强调"君师一体"，以程朱理学代替王阳明心学对天下施以教化，要人们遵行礼法，"敦孝悌以重人伦""和乡党以息争讼""明礼让以厚风俗"①，与其千方百计地镇压人民的反抗，不如让他们自己甘当顺民。在统治过程中，康熙本身也注意提倡个人德行，尽量以身作则，甚至在康熙六十年的时候举办了前所未有的千叟宴，以此强化儒家的礼仪制度。后来的清朝皇帝按照制度，同样强调道德在政治、社会中的作用，试图用道德来约束官吏，宣扬教化。乾隆时期，官府曾组织大量人员编纂了《四库全书》，但是为了清朝的统治，统治者又大力地删改文化典籍，在整理典籍的同时也造成了文化浩劫。这样道德的内容越来越倾向于统治集团，迫使人们普遍认可了"臣罪当诛兮，天王圣明"（韩愈《羑里操》），"雷霆雨露皆君恩"的说法。

正是由于理学不断地强调道德的重要性，而从明太祖时期就开始，儒家伦常越来越被用于维护君权，封建礼教越来越产生出许多消极意义。受王阳明"心学"影响，李贽维护人的本真，提出人应该具有"童心"，激烈地批判礼教的虚伪性，认为"德礼刑政"都是束缚人民的工具，尤其是夫权更是束缚妇女的工具。这在很大程度上刺激反省道德的内涵，乾隆年间的戴震等人更是激烈批判礼教的虚伪和欺骗，认为"酷吏以法杀人，后儒以理杀人"②，死于法者，仍然可能有人怜悯，但是死于理者，人们

---

① 周振鹤撰集、顾美华点校：《圣谕广训集解与研究·顾宪成传》，上海书店出版社2006年版。
② 陈寿灿：《从贞观之治看先秦儒家德治思想的具体实践与历史价值》，《哲学研究》2002年第9期。

却不敢去怜悯。作为实质是三纲五常的"天理"而言，它并不见得符合人性，可却严重束缚了人们的思维和行动。虽然政权会更迭，但是对于广大的社会空间而言，封建的伦理纲常是没有大的变化的。儒家的礼仪制度仍然保留了下来，三纲五常仍然是维系广大农村存在的道德基础。可道德越来越受控于统治者，民间的道德发展越来越丧失了生机，道德成了统治者手中的统治工具。尤其是清朝皇帝把所有的权力都集中在自己的手里，大臣只不过是传达旨意的工具，专制已经成为大多数清朝皇帝的特点，道德成为一切恶行的遮羞布。"雷霆雨露皆君恩"就是最形象的一个说法。在下位者只能服从，而不能有任何的反抗。再加上密布于朝野内外的文字狱，社会道德也就越来越虚伪化。

鸦片战争后，随着西方文化的传入和刺激，中国人开始反思自身的道德优点和缺陷。严复大量引入西方典籍，康有为、谭嗣同、梁启超尽力介绍西方的思想体系，还有章太炎、孙中山等人都是如此。西方道德中的平等思想、民主观念甚至家庭、社会观念，开始被引入中国的道德体系中，道德中的权利与义务观念逐步地被更改。中国几千年的伦理道德观念开始焕发新的生机。

总而言之，发源于商周之际的以农耕社会为基础的德治理念在经历了三千年的发展之后，在清朝时期到达了它的终点。商周之际道德治理不过就是要求关注民众的生活，尽量遵守传统习俗的治理。秦汉之际道德治理发展为有政策保证的道德教化，唐宋则开始重视道德的制度保证，而明清则注重挖掘道德的内在主体修养，可以说各个时期中国的道德治理都有其自身的鲜明特点。但是由于自身的封建局限性以及对统治者的依附性，虽然几千年来不断地发展完善，道德最终还是在清朝时期丧失了生机，这既意味着道德治理的阶段性结束，同时也意味着新阶段的开始。

第三章

中国传统"德治"理论与政治实践的定位

在中国古代政治的发展进程中,德治思想曾经产生过重要而深刻的影响,成为传统政治文化的重要内容之一。除了因为它构成了中国文化的重要源头,规定了中国传统社会的基本走向,已经成为中国人血液中的一部分之外,还因为它深深地根植于中国大地,彰显了中国的经济特色、民族特色、区域特色,具有极强的生命力。

一、中国传统德治理论的"生态"定位

任何社会为了建立良好的秩序,实现社会控制,都离不开道德与法律(阶级社会阶段)。但实现社会控制,建立社会秩序是一种艰难的文化和价值选择过程。决定这种选择的,不是人们的主观意志、自觉能动性(虽然它们也发挥了极其重要的作用),而是社会的经济基础、历史条件和政治力量的对比。

(一) 自然经济——经济基础

道德作为特定历史时期人们普遍认同的由一系列道德原则、范畴构成的具有相对稳定性的内在信念和行为方式,是经济原则在文化方面的再现。中国传统社会是以小农经济为基础的自然经济。小农经济作为一种松

散的、缺乏社会凝聚力的经济形态，直接影响和塑造着中国人的道德心理和行为方式。

这种自给自足的经济形态，使人们在生产中缺乏相互联系和交往，隔离、封闭与分散成为社会关系的主题，这就决定了中国伦理思想的基本特征。土地是人们维持自己生存的根本，个人被牢牢地束缚在土地上，进而依附于土地的所有者，个人不可能是单个的个人，个人缺乏独立性，更不具备独立发展的条件。正如马克思所说，农民"不能代表自己，一定要别人来代表他们。他们的代表一定要同时是他们的主宰，是高高站在他们上面的权威，是不受限制的政府权力，这种权力保证他们不受其他阶级的侵犯，并从上面赐予他们雨露和阳光"①。因此，个人只有通过积极主动的内心修养，以达到行动上绝对服从群体和统治阶级的要求，以内心世界的不断完善，能动地服从群体，以保证外在世界的稳定。这种伦理道德思想是保守的，但却是适应其经济基础的，作为中国传统政治文化的核心内容，为中国两千多年社会的稳定与和谐发挥了重要的作用。

（二）宗法制度——社会基础

在小农经济的生产方式下，中国人过着与世隔绝、聚族而居、聚土而居的生活，血缘关系对于中国人生存来说具有特殊重要的意义。因此，在中国国家的产生，表现为"连续性"而不是"破裂性"②，血缘关系解体得不充分，被较多地继承下来。家族管理与政治统治结合在一起，形成了以血缘关系为基础，标榜尊崇祖先、维系亲情，在宗族内部区分尊卑长幼，并规定继承秩序以及不同地位的宗族成员享有不同的权力和义务的宗法制度。宗法是中国古代社会构成的重要方式，可以说中国的社会制度就是家族制度。家族是国家赖以生存的根基，国家又不断强化家族，家国同构。这样一种社会结构，使调节家庭成员间的家庭伦理也具有社会意义。它不仅是家族兴旺的依据，也是国家统治的前提。家为国的本位与原型，

---

① 《马克思恩格斯选集》第1卷，人民出版社1972年版，第693页。
② 张光直：《连续与破裂：一个文明起源新说的草稿》，《九州学刊》1986年第1期。

国只是放大了的家。这种国家既有浓厚的家族色彩,也有鲜明的政治本质。家长制的实质就是把家族统治上升为国家统治形式。宗法家长制度这种社会基础,把家庭伦理道德放在整个社会伦理之上,使传统德治思想很大程度上就是这种宗法家长制度的理性化、政治化。如在"五伦"中有三种关系是家庭关系,父子关系被放在首位,君臣关系也被看成是父子关系,对于父亲的"孝"是缩小了的"忠"和对于君的"忠"是放大了的"孝"。因此传统的德治思想既有家族统治的温情,又有家长的绝对权威。这一点也为专制统治所利用。

(三) 君主专制——政治基础

虽然关于建立什么样政治体制,在中国历史上长期存在着"封建"与"郡县"之争,但君主专制制度从来都是中国政治制度的主体。

中国分散的小农经济对于专制统治提出了挑战,"如何将这种一家一户的小生产者统一为一个国家,如何在这种缺乏凝聚力的自然经济基础上建立的政治制度而不分裂?统治者必须找到他们统一的基础,那就是人性"①。建构一个独立的官僚系统,通过政治强制力维护生产资料所有者的利益固然重要,但构建共同的道德心理、价值追求则更为根本。

君主处于权力金字塔的最高端,是政治权威的化身。这也决定了君主必然也是道德权威的化身,君主"德配天地",集人伦之至于社会之尊于一身。君主用道德权威强化其政治统治,而政治权力反过来又不断地改造和巩固适合自己要求的道德理论。最佳统治者应该是圣人与君王的统一,政治权力理所应当由君王独享。同时,在中国这样一个宗法家长制和专制制度合一的社会,君臣之间不只是权力制约关系,而且要靠礼、忠等道德来维系。君主作为中国社会最大的家长,在治理国家问题上是必然要经过的步骤而借助于族权、父权、夫权,又可以将统治阶级的意志和需要变为被统治者内在的自觉修养和外在的自觉遵守,从而为自己的统治披上更合

---

① 董克汨:《试评中国传统的德治理论》,《人文杂志》2002 年第 3 期,第 53 页。

法的外衣。

政治道德化为政治统治提供合法性，道德政治化又有利于培养顺民，使被统治者专注于抽象的内心修养，而对于变革外部世界不愿、也不敢有所突破。因此，专制制度促成了立足于小农经济和宗法制度基础之上的德治理论进一步制度化和专制化。传统的德治理论使君主专制制度建立在追求个人道德完善的人性论和价值观的基础上，把道德修为和政治治理融为一体，达到了德治的理想境界。

作为中国德治理论的核心，"儒学的价值系统呈'三层结构'，其中，君权至上是核心，决定着儒家文化的理性思维和价值选择的主导方向；父权至尊君权至上的保障机制，为维护君权提供社会—心理基础；伦常神圣则居间沟通协调，使君父之间形成价值互补"①。因此，中国传统的以德治国理论，以主静、中和为基本特征，以家族主义伦理为基础，以服务专制主义统治为准则，是一种治国理念和方略，同时更是适应中国国情的理论创造和制度设计。

二、中国传统德治理论的内在结构

中国传统德治理论作为一种治国战略，在与外部大环境小环境发生信息交流的同时，其内在的各要素也在几乎同步地相互交锋和激荡，不断改变着德治的内在结构。其中道德与政治的关系是核心，德治与刑治、德治与人治的边界变更也影响着道德与政治关系的改变，这也带来了中国传统德治理论与实践适应性变化。

（一）道德与政治的边界

所谓德治就是道德政治，把道德运用于政治领域，以道德作为规范君

---

① 葛荃：《权力宰制理性——士人、传统政治文化与中国社会》，南开大学出版社2003年版，第243页。

主行为、治理国家社稷、管理庶民百姓的一种理论，是以道德教化作为一种主要的治国手段，运用道德的内在约束力以达到社会稳定之目的的一种政治实践。德治理论在实践中体现了政治与道德相互关系。对此人们不禁要问：究竟是道德决定政治还是相反，谁是目的谁是手段，抑或都是手段，都是目的？先秦诸子对这一问题的看法大体可分为两派：一派以法家为代表，他们认为政治的中心是权力，道德不起决定作用，甚至认为道德是有害的，表现为非道德主义。另一派以儒家为代表，强调道德在政治中的作用，主张政治与道德结合为一体，甚至认为政治中的根本问题是道德问题，政治是道德的延伸和外化。法家的思想忽略了道德在维持社会秩序上的不可替代的作用，使政治失去了善恶评判的标准，而转变为恶政。儒家的理论混淆了政治与道德，"把政治关系硬装入道德规范之中"①，进而掩盖了政治的阶级本质，不利于人们揭示政治运行和发展的规律。把道德看得重于政治，容易把政治引向守旧。

在阶级社会，政治是上层建筑的核心，道德必然要在受经济决定的同时，受到政治的强有力的约束甚至是决定，政治要求道德为其服务，突出地体现了道德作为社会规范和标准在治理国家中的工具性，但同时应该看到道德却与人类同生、共存。道德是人性天然的存在法则，是人类这个物种最基本的生存规范。道德作为人性追求的价值取向，更是目标，能超越政治的樊篱，对政治做出善与恶的评价，构成政治合法性的源泉。纵观中国古代社会的发展，政治伦理化只体现了儒家的治国理想，道德政治化才是中国德治演变的主题。这种趋势是把植根于人性内在的东西外在化，把价值的东西工具化。道德成为人们的追求，而这个道德的标准却在于政治，道德更多地表现为手段，被降低为工具，培养顺民的工具。

（二）德治与刑治的边界

德治和刑治作为两种治国方式，在中国古代社会是共生共存的。但

---

① 刘泽华、葛荃：《中国古代政治思想史》，南开大学出版社2001年版，第38页。

是，二者却是以在理论和实践上的斗争与融合作为存在和作用方式的。

从理论形态来看，综观自儒、法以来的两千多年社会发展史，居主流地位的是儒家思想。西汉统治阶层汲取秦灭亡的教训，罢黜百家，独尊儒学，以德治天下。因此，真正奠定两千多年来超稳定发展的社会基石的是德治思想。在治国顺序上，儒家主张德先法后，提出"道之以政，齐之以刑，民免而无耻；道之以德，齐之以礼，有耻且格"①。但是也不否认法律的重要作用。孔子在评论子产之法治时就认为，"善哉，政宽则民慢，慢则纠之以猛。猛则民残，残则施之以宽。宽以济猛，猛以济宽，政是以和"②。可见儒家的德治并不反对刑罚，他反对不教而罚，倡导宽猛相济、恩威并施，德刑并举、以德为主。在两千多年的理论争鸣和斗争中，儒家以开放的姿态，应对来自于法家的挑战，并把法制作为自己发展成熟的食粮，奠定和稳固了自己意识形态的霸主地位。

从实践层次来看，在中国古代社会的行政管理中，究竟应当以"德治"为主还是以"刑治"为主，历来存在争辩和竞争。在先秦时代的政治术语中已经出现"德刑"之说，德与刑两种政治要素往往并行。如当时有政论家指出，"德立刑行，政成事时，典从礼顺，若之何敌之"③。春秋战国时期，"德"已经成为不同学派共同关注的用于治世的政治文化命题。在春秋战国以后，虽然儒家崇"德"、法家重"刑"的传统依旧，但经过以秦政为试验场的法家政治实践失败之后，事实上，"德刑并用"是历代统治者最常用的统治方式。考察中国传统社会政治运作的实际，我们会发现，"历史上的'暴政'往往要以'德治'包装，而在王道主义的口号下又往往兜售'刑治'的货色。'德治'也好，'刑治'也罢，被治的都是老百姓"④。

从古代社会治国的理论与实践的矛盾运动来看，"先秦儒家德治观的理论实质是政治伦理化，带有很大的理想色彩；西汉以降，中国古代社会

---

① 《论语·为政》。
② 《左传·昭公二十年》。
③ 《左传·宣公十二年》。
④ 王子今：《论历史上的"德治"与"刑治"》，《光明日报》2006年10月7日。

外儒内法的德治模式凸显为伦理政治化,这实际上是先秦儒家德治观的一种异化形态"①。儒表法里、德外刑内才是中国传统政治管理模式最精准的描述。在儒家主导的古代政治文化中,"法"只是法家式的刑法,即为了管治而用刑罚去对付犯罪者,表现为以强制性来规范人们的行为。人民只承担政治义务,基本上没有政治权利,而统治阶层却充分享有特权,不承担相应的政治义务,故其"法"不成为一种"治",只是一种"刑"。由于中国历史中缺少了法治这一环,德治就像失去了骨架,从而走向了歧途。道德能弥补法律的不足,不是说道德可替代法律,或以道德为主。在专制社会,在缺乏良法的情况下,治国只寄希望于人的道德自觉,不仅是不可能的,而且具有极大的风险性。因此,在中国传统治国的理论和实践中,法律与道德在不断寻求共同的平衡点,互相融入对方,促成这一运动、决定这一结构的是第三方力量——政治。

(三) 德治与人治的边界

中国古代的人治主要包含"贤能之治"和"德治"两方面。前者强调统治者的才能,后者强调管理者的品德。德才兼备是理想的人治。但相比贤能之治,德治才是人治的内核或主要表现形式和实施形式。

德治突出地强调道德的社会整合和教化作用,而道德又是建立在个体自觉的前提下,因此道德管理的主体不是国家、不是社会,而是道德主体自己,就是自己要管好自己。因此,在等级社会中,孔子很重视统治者个人以身作则的表率作用,提出"为政在人"②,"子帅以正,孰敢不正?"③应该说"儒家的'德治'思想,为维护封建地主阶级的统治服务,过分夸大道德在社会中的作用,以至于在强调'德治'的过程中也确实形成了一定程度上的'人治'"④。但不能因此武断地把"德治"归结或等同于"人

---

① 郁大海:《政治伦理化与伦理政治化——我国传统德治理论与实践剖析》,《理论学刊》2003年第1期,第56页。
② 《礼记·中庸》。
③ 《论语·颜渊》。
④ 罗国杰:《人民日报》2001年2月22日第九版。

治",这并不完全符合儒家德治思想的真意。儒家从人本主义出发,提出人人皆可成尧舜,自天子以至庶人皆以修身为本的平等思想,突出人在社会控制中的主体性地位;不把个体作为被动约束的客体,而是作为积极能动的主体。人们的行动不是以起码的、强制性的法律为依据,而是以更高层次的人们的德性良知为基础,因而它在社会控制的过程中能充分调动个体的积极性与能动性,可以把人们的行动控制在比较理想的层次上。他的道德观尽管有利于统治阶级,但是,"我们不能说孔子存心欺骗,就个人而言,应该说他的认识更多的出于真心、出于执著普遍的爱"①。

从本质上来看,"我国古代儒家的德治同专制统治的'人治'局限性联系在一起,是制度性原因,而并不是说'德治'本身就必然要形成带有专制的'人治'。那种社会制度原本就是'人治'专制制度,因此在这种制度下的德治,也必然是而且只能是'人治'专制制度的德治。不是儒家的德治思想导致了中国古代'人治'的专制制度,恰恰相反,正是中国古代的'人治'专制制度使'德治'思想不能不同'人治'联系在一起"②。可以说,在中国古代社会的专制制度中,无论采用什么办法来治理国家,都只能是"人治"的不同手段而已。其实在治理国家过程中,问题的关键不是在人治,而是在于人依何而治,社会依何而治。

由此可见,德治作为中国古代的治国传统从形式上来看是稳定的、连贯的。乱世用重典,盛世倡民德,这一价值取向是中国社会结构保持两千多年稳定发展的根本原因。但是,从德治的内部结构来看却是变动非常的,这正是各种社会矛盾在治国战略方面留下的痕迹,是理论和实践矛盾运动的结果,中国古代社会正是在不断的微调中实现了动态的平衡。

---

① 刘泽华、葛荃:《中国古代政治思想史》,南开大学出版社2001年版,第38页。
② 戴木才:《关于以德治国的几个重要争论问题——访中国伦理学会会长、中国人民大学教授、博士生导师罗国杰》,《中国党政干部论坛》2003年第12期,第17页。

三、中国传统德治理论的辩证法

纵观中国传统德治理论和实践的生成、结构和轨迹,充满了古代思想家们理性的思考和憧憬,饱含着统治者刻意的追求和炫耀,历史留下了古人理论探索的痕迹,但人的主观选择终究还要被现实裁减,传统德治理论与实践的互动深刻地体现了不依人的意志为转移的社会辩证法。

(一) 理论—实践—理论的辩证运动

正所谓"德者,得也,得其道于心,而不失之谓也"①。德是循"道"而行的心得。中国传统德治思想是周公以来理论家们对于治国之策的理论应对,儒家的道德政治理论包含了其对于"天下为公"的大同世界的理想追求和现实社会的介入和改造,把肯定现存的社会基本秩序和批评弊政、改良现实有机地结合在一起。其政治实践表现为立足于这样一个"天下为家"的社会,以"道"为准则构建上下有等、亲疏有别的"礼"的社会,而约束君王行为的"王道",统摄百姓的思想和行为"人道"是对于遵行天道人伦、血缘关系有得的结果,从自然主义出发,必然注重体现人的伦理关系,也必将发展为德性主义。但在人类社会中,作为思想上层建筑的道德最终是由经济决定,为经济服务的,同时在阶级社会中还要被政治所主宰和利用。因此,以儒家为代表的传统德治思想在实践中有超越现实的一面,但更多地表现为为封建专制的现实服务,在融合其他各派学说的同时,又被政治修改甚至是篡改。

(二) 伦理—道德—伦理的辩证运动

伦理,原指人与人之间微妙复杂而又和谐有序的辈分关系,后来进一

---

① 朱熹:《四书集注·论语注》。

步发展演化，泛指人与人之间的种种关系，以及处理人与人之间相互关系应当遵循的道理和规范。伦理是对人的社会关系的应然性认识。道德指的是人们在社会生活中按照一定的行为规范做事所形成的道德品质、达到的道德境界。二者是一体两面的，都关涉人类社会生活的善恶意义和行为的价值规范，都具有调节人类生活秩序、创造和谐的功能。伦理不内化为道德就不能有效实施，道德没有伦理基础，就缺乏合理性论证而沦为说教和空谈。

中国传统德治理论是以伦理和道德的双向运动为直接生成方式的。儒家思想家们从家国同构的现实出发，非常注重家庭伦理，把它置于社会伦理之上；而家庭道德规范也成为首要的道德原则，父子关系作为家族内部的核心关系，调节这一关系的"孝"也就被列为道德规范之首。孝亲则成为忠君的前提。

可见中国传统的德治理论是立足于血缘伦理关系的基础之上的，"父子有亲，君臣有义，夫妇有别，长幼有序，朋友有信"[①] 的道德规范和要求正是对于社会伦理和人际关系的"理"的把握、尊重和笃信、践行。这一过程表现为，由家庭伦理上升为家庭道德，家庭道德经思想家和政治家提取和改造演变为社会道德，上升为体现统治阶级意志的封建纲常，而政治化的道德又按照自己的需要和面貌重构伦理关系，从而使等级和差别成为人际关系的"理"。至此，凶险的政治权力关系披上了一层温情脉脉的外衣，而温情脉脉的家庭关系则被冰冷的礼教所压抑和奴役。

（三）天道—王道—人道的辩证运动

道，其本义是人走出来的轨迹，后来又引申支配自然和人类社会生活的法度、规则以及运行规律。这里的"天道"与"人道"构成了一组相对的范畴。"天道"是"必然"，属事实范畴，表示自然运行的规律。人道是"应然"之则，属价值范畴，表示社会生活规律和做人的规矩。"天

---

① 《孟子·滕文公上》。

道"与"人道"的关系也就是"必然"与"应然"、事实与价值的关系,而价值正是事实对于人的需要、欲望、目的效用性。在古代社会,天被解释为"道德之天","天道"援引出"人道"的过程表现为,"格物而后知至,知至而后意诚,意诚而后心正,心正而后身修,身修而后家齐,家齐而后国治,国治而后天下平"①。由此而论,人即为"道德之人",人之为人在于人具有道德性。人的道德性正是对于天道的认识和遵循的结果。而统治阶级在治国实践中必须上顺天意,下恤小民,行德政,赢民心,以德修身,以德治国,以德安百姓,这体现为王道。天道高于王道,但又由王道解释和利用,人道来源于天道又为王道的要求所左右。道德成为连接三者的纽带,也成为治国战略成败的基石。

（四）血统—政统—道统的辩证运动

天道、王道、人道辩证关系体现在政治秩序上,则表现为中国古代德治文化的"政统"情结。"中国必有统,血统本之自然,政统出于人文,而道统则一天人,和内外。"② 血统即指以血缘为纽带的宗法制,它不但是中国古代社会人际关系的"天然"伦理,同时也构成了中国古代思想家认识和构建社会人文伦理的逻辑起点。"而体现以封建社会自然经济为基础的君主专制统治的国家政体之政统,则雏形于氏族社会的禅让制,完善于对分散的自然经济的调节和控制中,成熟于自隋唐之始的学统制。政统的出现是国家登上政治舞台的产物。"③ 它缘于血统,又统领血统。道统则把应天道、顺自然的法天思想与合人道、行仁义的济世思想综合在一起,它要求政治运行必须"有道",统治者的一切行为都应在这一理论面前接受检验和评判。表现为君统和道统之间的矛盾运动。"当两者难以契合时,孔子主张道统高于君统,道义重于权令,从道不从君。在这种情况下,对君主虽然表现为不合作,甚至是表面的对立,但是所坚持的道义确

---

① 《礼记·大学》。
② 钱穆:《宋代理学三书随答》,三联书店2002年版,第226页。
③ 金丹:《中国传统伦理思想辨析及其主要特征》,《兰州学刊》2003年第5期,第57页。

实从更高的角度维护了统治阶级的利益,维护了君权,在对君主的怨恨之中充满了深沉的爱。"① 在道德面前,君王也是被约束的对象,而且应成为天下的表率,承担更重的道德责任。因此,德治在表现为人治的同时,明君和贤臣也必须以道为基本准则。

  中国传统的德治理论和实践从天道、血统、伦理的自然主义出发,强调道德的治国和教化的功能。在培养顺民、维护统治阶级的统治及其利益的同时,又以"道"来约束君王政治行为来爱民、惠民。这看似对立,但又统一。上述矛盾运动书写了中国传统德治的历史。

---

① 刘泽华、葛荃:《中国古代政治思想史》,南开大学出版社 2001 年版,第 33~34 页。

第四章

中国古代德治思想的历史贡献及局限性

中国古代德治思想有着深刻丰富的文化内涵和鲜明的民族特点,同时也有着明显的历史局限性。总结我国古代德治思想,对当今中国特色社会主义文化道德建设、法制建设、构建和谐社会以及党的执政治国都有着重大的借鉴意义。

一、古代德治思想的历史贡献与进步意义

古代德治思想成为中华传统文化体系中的核心价值内容,对民族传统文化的形成与发展、对中华民族的融合与发展、对古代社会的稳定与进步,都发挥了重要的不可取代的作用。其中很多优秀的思想内容,在当今时代的中国社会发展中都值得我们总结借鉴。

(一)古代德治思想对传统文化内容的贡献

中国古代以儒家为主的德治思想,构成了我国传统文化的核心价值内容,也可以说是对传统文化主要内容的直接体现。古人云,不知儒家,不能入世;不知道家,不能出世。"入世"就是"经世""济世",凸显的是一种有为的精神,体现"现实"的治世目的。而"出世"则强调"无为",体现了道家顺应自然、无为而治的思想特征。中国传统文化中最重

要的是儒家和道家思想,其思想中的主要内容无不与道德治世思想相联系。

　　首先是儒家,儒家的特征就是"入世、有为、现实"。"入世",即关注人生和社会。儒家关注生命的进程,孔子说:"未知生,焉知死";他重人事轻鬼神,"未能事人,焉能事鬼"。儒家的精神境界体现在《易经》中的"天行健,君子以自强不息;地势坤,君子以厚德载物"。生命层次的揭示就如孟子所言的"恻隐、羞耻、辞让、是非之心"。儒家的现实关怀,就在于对人的生命层次做了准确的解释。人的生命存在的方式有两种:生存和生活。生存的方式,就是人的自然的物质需求;生活方式,就是人对意义与价值世界的追求。孟子曾说:"人异于动物之几希?"因为人一不小心就会把人之为人的那个东西丢掉了,那样就跟禽兽差不多了。儒家另一个重要的特点是:追求人与人、社会、自然的"和谐"关系。子曰:"仁者爱人也"。如何爱呢?"夫人者,己欲立而立人,己欲达而达人。能近取譬,可谓仁之方也。"中国古人把它称为金律,包括两层意思:"自强不息"和"成己成人",这是儒家的精髓。同时儒家也规定了最基本的原则"己所不欲,勿施于人"。

　　儒家强调有为,强调奋斗。但人在奋斗过程中会遇到挫折,这时就需要智慧。这种智慧就是道家文化。凸显的是道家"无为"的精神,体现了"超现实"特征。道家的思想还在于鲜明的批判精神:对社会文明进程中人性本真丧失的批判。《老子》认为:"民之饥,以其上食税之多,是以饥。民之难治,以其上之有为,是以难治。""食税""有为"都是强为、乱为,这是违背人性的。《庄子》批判统治者:"朝圣出,田剩无,带利剑,厌饮食,财货有余,是为之道,非道也。"文明的社会应该是"天之道,损有余而补不足";而现实的人道却"损不足而补有余"。这是极大的不公,所以道家极力抨击,主张无为而治。道家还认为人的不自由就在于"物役""情累""心滞""意染"——被外在的物欲所奴役,被情感所负累,整个意识被污染。道家痛绝的是这些东西。

　　儒道两家思想在具体治世主张上虽然不同,甚至于有些观点还严重对立,如儒家主张"有为",道家则要"无为";儒家要求"入世"而道家则要"出世"。但作为传统文化中的典型代表，却都强调人的重要作用、人与自然的和谐，也都追求实现治世的目标。儒家"究天人之际"，讲天命天理，虽是唯心，但在于揭示人的本质和作用，因而强调施行德治要"以民为本"；道家认为，道即自然，自本自根，强调人顺应自然，无为而治。可以说，儒道两家对人、对社会及自然有了深刻认识，构成传统文化的基础核心。

从儒道思想中的这些主要内容来看，它们的思想观念处处体现着我国古代哲学思想的精华，体现着德治思想的道德教化，体现着古人对人类自身和社会及自然的认识。正因为如此，我国古代的德治思想才成为整个传统文化的核心内容，在数千年的发展史上，一直对中国的政治、教育、文学以及民族的深层心理结构、生活方式等各个方面产生着深远的影响，使中华民族形成了内容丰富的传统文化成果。

（二）古代德治思想对中华民族融合发展的历史贡献

从尧舜禹时期到春秋战国时代，是我国多民族国家初步融合的开始。这一时期"敬德保民""以德配天"思想的提出和初步形成，对于多民族国家的形成发挥了极其重要的影响。"克明俊德，以亲九族。九族既睦，平章百姓。百姓昭明，协和万邦。"《尚书·尧典》中记载的这段话表明，尧舜之治不仅首开德治先河，而且也是氏族和睦和民族融合的开端。

秦汉以后，中国进入了封建社会，统一的多民族国家在以儒家为主的德治思想下，继续着民族进一步融合和发展的历程。"挟书律"的废除使儒学得以快速恢复和发展。儒家学说的治理之道是以仁政、德治为基本主张，故历代民族政策的主流也是体现这种基本主张的。中华民族发展历史上，民族融合始终是主流，汉民族在融合中始终居于主体地位，其主要原因就在于此。经陆贾、叔孙通、贾谊、公孙弘、董仲舒等数代儒人的大力提倡，注重教化、讲求事功、主张经世致用的儒学德治思想就日益显露出对现实社会的积极意义，逐渐被统治者认可。公元前134年，汉武帝采纳了董仲舒的建议，"罢黜百家，独尊儒术"，儒学从显学走向官学，德治教化成为治国之道。汉代采取的"和亲"政策，即是古代以德治国，处理民族关系的范例。两汉与匈奴、南越、羌、乌桓都有过和亲关系，其中汉与匈奴和亲次数最多。据《史记》《汉书》《后汉书》统计，两汉共有民族"和亲"关系29次。

民族矛盾空前激烈的魏晋南北朝时期，是我国古代史上民族融合现象最突出的时代，以儒家德治思想为核心的汉族传统文化显示了对其他少数民族文化的包容吸收和融合，成为促进民族大融合的催化剂。北魏孝文帝改革就是入主中原的少数民族学习汉族文化，采取汉族儒家德治思想治世的一个典型。北魏也正是经过这次改革，才缓和了当时我国北方激烈的民族矛盾和社会矛盾，完成对北方的统一。由此可见，以民为本的古代德治思想是中华民族融合发展和团结进步的文化基础。

（三）古代德治思想对社会稳定发展的贡献

我国古代的德治思想对于中国封建社会的长期稳定发展，又做出了积极的贡献。传统德治思想文化是在小农自然经济方式、宗法族制的社会构造及政治意识形态化的儒家学说基础上形成的。在传统的、较为封闭的、文化高度统一的封建社会中，传统德治政治文化适应并推动了社会的发展。尽管在封建社会的历史上，德治思想作为一种主流的治世思想，不能从根本上解决朝代更替的周期性问题，但在整个封建社会的发展历史中，却发挥了为统治者提供治世思想、促进社会稳定发展的基本作用。儒学德治思想始终在封建社会中占统治地位，发展形成了我国传统文化的道德精神、道德传统，并渗透于各个文化领域，凝聚着中华民族的性格，积淀了中华民族的心理，塑造着中华民族的灵魂，在我们民族的长期发展中起着稳定秩序、促进和谐的作用。

孔子主张治理国家要施仁政，孟子更强调民贵君轻，这些德治主张充分体现了对民众的重视和对民众力量地位的认识，虽然不能把他们的民本思想等同于马克思主义的群众观，但在两千多年前能有这样的主张和认识，不仅难能可贵，而且体现了古代思想家的远大智慧。

汉代以后，汉武帝采纳了董仲舒等提出的"德主刑辅"的德治政治思想，从此中国政治进入一个基本上长久治安、朝代更替的封建统治时期。由于德治政治思想基本上切合了封建中国的社会政治、经济、文化现实，因而得以成功贯彻。那些崇儒的朝代基本上也都得到较好的延续和发展。

纵观我国封建社会的历史，中华民族不乏汉唐盛世等经济社会发展的辉煌阶段。这些文明成就的取得，既是古代劳动民众辛勤创造的成果，也是德治思想实践的伟大成果。虽然这个历史过程中也有很多乱世，但这绝不是古代的德治思想之过。

（四）古代德治思想的现实意义

道德和德治的具体内容随着历史的发展、时代的进步而演进，但其核心价值却是永恒的，它们就蕴涵于传统中。作为中国传统文化的主体的儒学，其德治思想是中华民族传统道德的核心，是民族魂和民族根。传统道德所大力倡导的一些优秀道德精神，如"自强不息"的开拓进取精神；"厚德载物"的宽厚包容精神；"天下为公"的无私奉献精神；"仁者爱人"的博爱大众精神；"杀身成仁""舍生取义"的英勇献身精神；"富贵不能淫、贫贱不能移、威武不能屈"的人格独立精神；"鞠躬尽瘁，死而后已"的敬业奉献精神；"先天下之忧而忧，后天下之乐而乐""天下兴亡，匹夫有责"的精忠报国精神；"居安思危"的民族忧患意识；"见利思义"的取财有道思想；"诚信为本"的价值观念等等，集中表现了中华民族文明进步的精神追求，在现在和将来，永远都具有很高的价值。古代德治思想所确立和倡导的道德规范，比如仁、义、礼、智、信、温、良、恭、俭、让、忠、勇、敏、和、宽等道德准则，抛却其具体的时代背景的限制，可以说，时至今日，这些准则仍然值得我们学习和遵循。长期以来，传统德治思想为我国各族人民所践履，我国历史上一代代英杰贤哲、名人志士所表现的高风亮节和道德情操，可以说都同古代德治思想的熏陶和培养分不开，中华民族所创造的古代辉煌文明成果也是同古代德治思想的历史贡献分不开的。

毛泽东曾经说过："我们不应当割断历史。从孔夫子到孙中山，我们应当给以总结，承继这一份珍贵的遗产。"汲取古代德治思想的精华，不仅有助于当今中国社会的道德重建，而且对于依法治国与以德治国相结合，建设社会主义法制国家，构建社会主义和谐社会都具有积极的重大意义。

当今时代，党中央提出依法治国与以德治国相结合，提出以人为本，构建社会主义和谐社会。这些理论观点是在当代中国条件下对马克思主义的新发展，也是对中国传统思想文化的继承和发展；深刻理解这些新观点，研究传统思想，就能在实践中更好地贯彻执行之。简言之，在治国方略上，实施依法治国，建设社会主义法制国家，必须与以德治国相结合，使法治建立在道德自觉的基础上；以德治国是对国家综合治理的系统工程，是一种深层次领域的根本治理。在社会发展中，构建和谐社会，协调社会利益关系，也应该弘扬中国传统德治思想中义利统一的原则，坚持以义导利，反对急功近利的短期行为和见利忘义的欺诈作风，使经济生活遵循伦理准则。在政治文明建设中，实施以德治国，中国传统德治思想中贤者治国的思想值得弘扬，要建立切实有效的人才任用和官员选拔机制，并且通过有效监督和教化，使社会主义荣辱观成为党政官员的基本道德观。

二、古代德治思想的历史局限性

我国古代以儒家为主的德治思想，虽然体系完备、内容丰富，在维护中华民族的稳定统一、求治求善等方面，发挥了重要的历史作用，其优秀成分在现在和将来仍将继续发挥作用。但古代的德治思想也有自身无法避免的历史局限性，从治国治世的模式来说，它停留在单纯依靠明君贤臣的人治阶段，不能真正做到以人为本，因而也就不能从根本上解决社会的动乱，不能避免王朝的衰亡；从政治思想发展的进程来看，它也仅仅只是专制社会的唯心主义的治世思想，无法彻底实现以人为本，因而也不能从根本上解决周期律的问题，不能引导社会政治文明发展到更高阶段，不能使社会出现飞跃发展。

由于古代德治思想产生的历史时代，它不可避免地打上封建主义和剥削阶级的烙印，其中不少思想观念与道德规范到了今天已经完全过时，有的甚至成为社会发展进步的阻力，如人治模式和董仲舒大力倡导的"三纲""五常"等都与现代民主法治精神相背离，因而是不可取的。

（一）人治思想的缺陷

古代德治思想中宣扬"修身、齐家、治国、平天下"，只引导人们做政治家，不引导人们做实干家。目标既高又大，流于空疏。不提倡当公仆，不提倡岗位成才，不强调敬业，误导学子几千年。《大学》先讲"修身、齐家"，然后讲"治国、平天下"，并把"治国、平天下"作为学子的理想目标。这就不仅是提倡做官，而且是提倡做大官。因为"治国、平天下"是皇帝宰相的事，是文臣武将的事。"治国、平天下"的目标固然很动听，很诱惑人，但是，几人能走到这样的职位上？绝大多数文人学子，只能干普通工作，能当个七品芝麻官就不错了，少数人能达到中级官吏，极少数人才能当上高级官吏。虽然"布衣卿相"不乏其人，毕竟岗位有限，即使在和平年代，通过九品中正制、科举之路上去的，也并不多见。有幸进入官场以后，为了谋求更高的级别，赢得更大的权力，在政治舞台上发挥更大的影响，为了"治国、平天下"的宏伟目标，除了公开正当的竞争以外，还有背后非正当的竞争。在背后非正当的竞争中，各种阴谋诡计都可能使得出来，各种排挤倾轧都可能干得出来，告密陷害有之，借刀杀人有之，雇凶杀人亦有之，甚至骨肉相残，也在所不惜。把人民群众作为自己的垫脚石，信奉"一将功成万骨枯"。隋炀帝可以逼隋文帝退位，雍正皇帝可以将诸兄弟杀得七零八落。李世民虽然是一代英主，但上台掌权仍是通过杀掉亲兄弟、逼父皇退位的方式实现的。整个封建官场弥漫着腥风血雨，充满着刀光剑影。以至南唐李后主，从小就畏惧权力争斗，想躲避政坛，但他处于特定的历史条件下，想不当皇帝也不行，"做个才子真绝代，可怜薄命做君王"。因无心治国，治国无方，最后落得个国破身虏、以泪洗面的下场。明末李自成起义军攻占北京后，革命尚未成功，大敌仍在眉睫，而牛金星、刘宗敏等人却忘乎所以，准备做开国将相，这是导致大顺政权功败垂成的重要原因之一。至于太平天国，东王杨秀清为逼封九千岁，酿成"天京事变"，一场推翻清朝很有前途的农民大起义从此走向衰败。

把"治国、平天下"的理想，作为普遍目标来提倡，甚至说什么"朝为田舍郎，暮登天子堂，将相本无种，男儿当自强"，"不为良相，便为良医"，好像做"治国、平天下"的将相很容易。这种宣传的确鼓励了少数人真的成为国家栋梁，但是却毒害了大多数人。这也是中国古代社会为什么政治家多、实业家少，经学家多、科学家少的重要原因。不提倡做实事、大事，只提倡做官、做大官，使许多学子沉溺科名，不能自拔。尽管"头白可期，汗青无日"，仍然皓首穷经，"不到黄河心不死"，以致终生一事无成。也有不少士子，"才也纵横，泪也纵横"，但生不逢时，终日抑郁，赍志而殁。如果儒家学说提倡公仆意识，而不是提倡当官做老爷，提倡"做大事"，而不是提倡"做大官"，那么，中国人的人生观、价值观就可能是另外一种境界了，中国人的思维就可能是另外一种模式了，中国古代社会的发展也就可能是另外一部历史了。

最主要的，无论古代的德治思想家如何主张以民为本，如何强调民贵君轻，又是如何主张贤者治国，但归根结底，还不能说有了群众观。他们也仍然把治世出现的希望寄托在封建统治者——君主的身上，因此只能说这种德治思想仅仅停留在人治的阶段。

（二）唯心论的缺陷

儒家的德治思路偏执于人的道德修养，重自律、轻他律，重教育、轻监督，重人治、轻法治，忽略、轻视制度建设。儒家从"人性本善"出发，执着地追求"内圣外王"，总以为通过修身教化，通过经典学习，可以"致良知"，可以做到"非礼勿视，非礼勿听，非礼勿言，非礼勿动"，可以做到"慎独"。认为君主和官吏的言行具有莫大的示范作用："其身正，不令而行"。相信通过德治学说熏陶教化出来的大丈夫，能够做到"富贵不能淫，贫贱不能移，威武不能屈"，能够杀身以成仁，"舍生而取义"，"文官不爱钱，武官不怕死"，更能做到先义后利，临财不苟得，临利不苟取，"老吾老，以及人之老；幼吾幼，以及人之幼"；"己所不欲，勿施于人"；"己欲立而立人，己欲达而达人。"认为通过"吾日三省吾身"，就能做到廉洁奉公。他们没有看到人性求利的本能，人性的多种先天弱点。这些本能和弱点，无数实践证明单靠道德是约束不了的，也是改变不了的。道德的力量是有限的。必须对权力予以监督和制约，而且这种监督和制约又必须是双向的、平等的，才能防止好人变坏人，阻止坏人干坏事，避免官吏和政权走向腐败。由于几千年来一直未能走出这个误区，导致中国德治理论发达，而法治理论不足，政治文明进步缓慢，治乱兴衰，周而复始，跳不出周期律，改变不了人治，直至近代，专制体制依然故我。

（三）纯理学的缺陷

儒家的德治理论重政治、轻经济，过分强调义利之分，片面要求人们舍利取义，克制私欲，清心寡欲，省吃俭用，安贫乐道，逆来顺受，以维护社会秩序的稳定。殊不知没有经济发展、经济实力的稳定，是暂时的稳定，表面的稳定，甚至是虚假的稳定。义利之分是必要的，也是儒家理论的一大特色，但后来却走向极端，把民众正当的基本的生活需求也作为"私欲"来反对、来限制。宋明理学甚至把"私欲"与"天理"对立起来，要人们"存天理，灭人欲"；寡妇不可改嫁，说什么"饿死事小，失节事大"，等等，简直到了"以理杀人"的地步。孔子把颜回作为安贫乐道的榜样予以夸奖："一箪食，一瓢饮，在陋巷。人不堪其忧，回也不改其乐。贤哉，回也！"可惜颜回英年早逝，未见其有何作为、有何贡献。

总之，我国古代以儒家为主的德治思想尽管内容丰富，其中不乏精华，但也有着自身不可克服的历史局限性，它停留在民本主义的阶段，不能做到以人为本，因而也就不能从根本上解决社会的动乱，不能避免王朝的衰亡。古代德治思想也摆脱不了唯心论的宿命，只停留在单纯依赖君主统治者施仁政的人治阶段，因而也不可能真正地做到以人为本，要想跳出"周期律"，必须以人为本，走民主与法制之路，依法治国，以德治国与依法治国相结合。

第五章

我国古代德治理论与政治实践对今人的启示

贯彻落实"以人为本"的科学发展观，努力构建社会主义和谐社会是在有中国特色社会主义建设步入攻坚阶段所提出的国家发展的新目标。它对于我国的持续发展，对于促进中华民族在新世纪的伟大复兴，将产生极其重大而深远的影响。这一新目标的提出，既是基于马克思主义的政治理论和当代中国社会发展的客观需要，也有其深厚的历史文化底蕴，是对我国古代"德治"思想合理因素的批判性继承，是从中国历史发展的治乱兴衰的经验教训中得出的深刻结论。中国古代德治思想有着丰富的蕴涵，包含着不少合理性的因素，对我们今天社会主义和谐社会的构建，全面贯彻落实科学发展观，提供了历史的借鉴和启示。

一、中国古代德治思想是中国传统政治文化的重要组成部分

在中国古代，所谓"德治"，主要是指依靠统治者品德的影响力、良好的社会教化以及爱民利众的政策而推行的政治。统治者靠自己对于社会之道的领悟，靠爱民利众的行为，靠对大众的教育熏陶，来赢得民众的心，确立自己的政治地位和权威，维护良好的社会秩序。一般说来，中国古代德治主要包括相互依存的两个方面：一方面是"德政"或"为政以德"，即治国的政策和方式要合乎道义原则，尤其强调以民为本的重民、

爱民的思想；另一方面是"德教"或"化民以德"，即通过加强对国民进行思想道德教育，提高国民对国家治国理念和政策的认同和遵循。

德治思想在中国有非常悠久的历史传统。早在周朝时期，周公姬旦就深刻总结了强大的商朝之所以灭亡的教训后，提出了"以德配天"的政治伦理观。在他看来，"天命靡（无）常"，夏商之所以灭亡，是因为他们不知道"敬德保民"，因而丧失了天命；周之所以兴起，正是因为文王能够"明德保民"，所以上天才授命于周。基于此，他认为天命不可恃，惟有敬德才能保民，惟有敬德才能保有天下。周公强调统治者必须修德，"修德"要从两个方面去努力：一方面，在思想上要做到对老百姓有恭敬、敬畏之心，要知晓稼穑之艰难，不贪图享乐，不骄奢放纵；另一方面，在伦理上做到"父慈子孝，兄友弟睦"，要求人们从日常生活到国家大事都应遵守道德规范，这样才能做到以德配天，才能祈天永命。周公姬旦的言论实际上已经包含了德治理论的几个重要问题，即对君主的要求，对道德规范"礼"的重视，对民本意识的强调等等。

对德治思想进行最深刻和全面论述的是儒家。孔子继承周公的思想并加以发展，成为儒家德治思想的创始人。他指出"为政以德，譬如北辰，居其所而众星共之"①。意思是说，统治者如果能把德作为治国的基本理论和原则，那么，国家的秩序就会像天上的星体那样有序而和谐。《大学》是儒家的一部重要著作，它提出的"修身、齐家、治国、平天下"的理论，实际上也是儒家德治思想的出发点和主要内容。孔子倡导"仁"，并从恭、宽、信、敏、惠、智、勇、忠、恕、孝、悌等各方面对"仁"作了阐释，将"己所不欲，勿施于人"②和"己欲立而立人，己欲达而达人"③作为实践"仁"的方法。孟子继承孔子的思想，提出了"仁政"学说，强调"善政民畏之，善教民爱之。善政得民财，善教得民心"④。孟子认为，在政治生活中，老百姓是最重要的因素。他说："民为贵，社稷

---

① 《论语·为政》。
② 《论语·颜渊》。
③ 《论语·雍也》。
④ 《孟子·尽心上》。

次之，君为轻。"惟有"得乎丘民"者才能为天子。荀子则看到了人民的力量，提出："君者，舟也；庶人者，水也。水则载舟，水则覆舟。"至此，儒家"德治"思想基本上趋于成熟。

到了汉代，儒家集大成者董仲舒将儒家对德治的重视推至极端，提出以"名教纲常"治天下的主张，论证了"国之所以为国者，德也"①的思想。汉武帝采纳了董仲舒"罢黜百家，独尊儒术"的主张，儒学在所有思想领域占据了统治地位。

自此以后，儒家的德治思想一直被历代王朝奉为经典。因而，德治思想也就为历代历朝所提倡，特别是为历代知识分子所宣扬。尽管在封建专制时代，德治带有很大的局限性和欺骗性，只是统治阶级维护其统治地位的一种工具，甚至常常只是一种政治装饰，从来也不可能完全去实施。但作为一种思想观念却被代代相传下来，既成为老百姓特别是一些民间知识分子对统治阶级的一种期待，也成为统治阶级不得不宣扬的一种治国主张，因此，德治思想也就深入人心，成为中国传统政治文化的重要组成部分。

二、中国古代德治思想与政治实践的特点

中国古代德治思想包含极其丰富的内涵，归纳起来，主要包括以下几个方面内容。

（一）"民惟邦本，本固邦宁"

我国古代德治思想的核心内容，就是以民为本，德治的核心就是理顺民心，即国以民为本，君以安民为务，并成为历代明君和思想家、政治家们所追求的治国之略。

---

① 《春秋繁露·保位权》。

民本思想最早记载于《尚书·五子歌》："皇祖有训，民可近，不可下，民惟邦本，本固邦宁。"意思是说，祖父大禹早有训诫，对待人民只能亲敬，不可怠慢；人民是国家的根本，人民安居乐业，国家才能安宁。它强调民心向背关系到社稷的安危，关系到社会稳定和长治久安，把调整与民众的关系作为治国的核心。这一思想对我国的封建政治产生了重大影响，使之为历代统治者和优秀的政治家所笃信、所力行。

至此之后，无数的明君、思想家、政治家们无不以此为基点讨论治国之道。系统的民本思想是来自儒家的"仁政"学说，即要求统治者以仁爱之心对待民众，通过仁政而王天下。孟子提出"民为贵，社稷次之，君为轻"。"桀纣之失天下也，失其民也；失其民者，失其心也。得天下有道，得其民，斯得天下矣；得其民有道，得其心，斯得民矣。"① 孟子认为在民、社稷、君三者的关系中，民最为重要，没有民心的安定，就没有社稷的稳固，也就没有君主的权位，所以孟子提出民贵君轻的思想。荀子说："传曰：'君者，舟也；庶人者，水也。水则载舟，水则覆舟。'"②"天之生民，非为君也；天之立君，以为民也。"③ 正是基于这种以民为本的思想，出于君权稳固和国家长治久安的需要，他们要求统治者必须"恤民""利民""惠民"，关心人民的疾苦，注意倾听人们的意见，考虑人民的利益，"施仁政于民，省刑罚，薄税敛"，实行"德治"。

汉代的贾谊讲到"夫民者，万世之本也"，"闻之于政也，民无不为本也。国以为本，君以为本，吏以为本。故国以民为安危，君以民为威侮，吏以民为贵贱。此之谓民无不为本也"。贾谊认为，世世代代国家的治理都以民为本，国家的安危、君主的威侮、官吏的贵贱，都是由民所决定的。

在我国封建社会讲德治，主要是处理好社会成员之间的关系。封建社会的核心成员是三个方面，即君、臣、民。封建社会的治国就是封建君主通过臣来实施对民的治理，指的就是君、臣对民的态度。民为国之根基，

---

① 《孟子·尽心下》。
② 《荀子·王制》。
③ 《荀子·大略》。

民心的向背关系到封建统治权力的稳固。从维护封建统治的长治久安出发，历代思想家和政治家都主张以民为本，成为德治的核心内容。

（二）立身惟正，以德修身

德治，作为治理国家和社会的手段和目标，它的实施离不开具体的措施和手段，而在古代德治思想中道德教化就是这样一个有效的治国良方。孔子提出"为国以礼""为政以德"的主张，把道德教化看作为政治国的基本手段，认为刑政不足以使社会安定，只有进行道德教化，才能使百姓自觉遵守社会秩序，达到社会的稳定与和谐。所谓"道之以政，齐之以刑，民免而无耻；道之以德，齐之以礼，有耻且格"[①]。孔子认为，刑罚只能使人避免犯罪，不能使人懂得犯罪可耻的道理。反之，如果加强对民众的道德教化，施以德政，用礼仪规范人们的思想和行为，不仅可以使其具有廉耻之心，而且可以杜绝其违法犯罪。因此，必须强调道德在社会生活中的感化和激励作用，发挥其劝导力和说服力，既能使百姓循规蹈矩，又能使百姓有知耻之心。孟子则提出了"以德服人"的仁政学说，强调"以德行仁义者王……以德服人者，中心悦而诚服也"，反对以力服人的霸王之道。荀子也认为"以德兼人者王，以力兼人者弱"。《左传》甚至提出了"德，国之基也"的论断。即使主张"惟法而治"的法家也并不完全否定道德的作用。汉儒董仲舒在前人的基础上提出了"国之所以为国者，德也"的命题，认为"以德为国者，甘如饴蜜，固于胶漆"。

因此，道德教化是国家之急务，认为要实现德治的目标，首先要确立社会的公共道德规范，并用这些规范对人民进行道德教化。至此，他们提出了以"四德""五伦"为核心，包括忠、恕、慈、孝、悌、仁、义、礼、智、信、诚、宽、惠、敬、恭、勤、俭、让、廉、刚、毅、勇、直、公等一系列规范在内的伦理道德体系，主张通过办学校、设乡官、修身等各种形式，对人民进行道德教化，以期使每一个社会成员都具有较高的思想道

[①] 《论语·为政》。

德修养，从而达到移风易俗、天下大治、社会和谐发展的目的。

在古代德治思想中，"德"被视为"为政之本、为国之基"，把是否重视和实行德治看成是国家能否保持长治久安的关键。孔子把国家统治方式加以道德化，首先要求统治者自身要一身正气，"政者，正也，子帅以正，孰敢不正"，"其身正，不令而行，其身不正，虽令不从"，以及"苟正其身，于从政乎何有？"这表明国家统治者本身的行为有着巨大的影响力，百姓是否服从统治，取决于统治者本人是否正确、公正以及有没有道德感召力。我国古代的德治思想，要求国家的君主和所有官吏，都必须是一个道德高尚的人。他们要身体力行道德标准，以自己模范行动，来影响广大的老百姓。这就是孔子对从政者的要求。因而德治要求"尊贤使能，俊杰在位"，要求君主和各级官吏首先必须具有良好的道德修养，要求他们以身作则，正心、修身、爱民、宽惠、忠孝、清廉、勤政、秉公、尽职等，成为百姓的模范和表率。这样就能得到人民的敬重和拥护，使社会稳定，国泰民安。可见，古代德治思想非常重视统治者的道德垂范。

同时，"德"还是民众立身处世的行为准则。"古之欲明明德于天下者；先治其国；欲治其国者，先齐其家；欲齐其家者，先修其身；欲修其身者，先正其心；……心正而后身修，身修而后家齐，家齐而后国治，国治而后天下平。"大意是说：古代那些要使美德彰明于天下的人，要先治理好他的国家；要治理好国家的人，要先整顿好自己的家；要整顿好家的人，要先进行自我修养；要进行自我修养的人，要先端正他的思想……思想端正了，然后自我修养完善；自我修养完善了，然后家庭整顿有序；家庭整顿好了，然后国家安定繁荣；国家安定繁荣了，然后天下平定。强调注重个人修养，追求道德、人格的自我完善，只有这样才能更好地齐家、治国、平天下。

（三）德法并举

在我国古代德治思想中，一般认为德法并举，即德治与法治相结合。德法并举的思想在我国古代也有很深的根基，《左传》中写道"德刑不立，奸宄并至","德莫厚焉,刑莫威焉。服者怀德,贰者畏刑"。即便是先秦时期的儒家与法家当中也有人提出德与刑不可偏废。孔子一向主张执政要"宽猛相济",认为"政宽则民慢,慢则纠之以猛。猛则民残,残则施之以宽。宽以济猛,猛以济宽,政是以和"①。孟子则提出"徒善不足以为政,徒法不能以自行"②的主张。荀子则创立了"隆礼重法"的德法并举的治国思想。他认为"人之性恶,其善者伪也"③。所有人的本性都是恶的,只不过圣人和君子能够化性起伪,而小人却"从其性,顺其情,安恣睢,以出乎贪利争夺"④。只有通过外在的"礼义"约束和法律制裁,才能使人为善。古代的圣王"明礼义以化之,起法正以治之,重刑罚以禁之"⑤,采取德法并举的手段,就是为了把国家治理好。荀子总结说:"治之经,礼与刑,君子以修百姓宁。明德慎罚,国家既治四海平。"⑥同时,先秦儒家在德法关系上认为德居于首要的、为主的地位,法居于次要的、为辅的地位,即所谓"德主刑辅"。这种观念对古代政治思想影响深远,成为中国传统治国思想中的一个基本理论模式。

以上,我们对中国古代德治思想的主要内容进行了考察和分析,那么,我们从古代德治思想中能够得到哪些启示呢?

1. 在古代德治思想中对民众非常重视。在子贡问政中就曾指出民的地位在君之上。"子曰:'足食,足兵,民信之矣。'子贡曰:'必不得已而去,于斯三者何先?'曰:'去兵。'子贡曰:'必不得已而去,于斯二者何先?'曰:'去食。自古皆有死,民无信不立。'"⑦孔子把民放在了首位。荀子又认为"天之生民,非为君也;天之立君,以为民也"⑧。以民为本,重视民众,认为民众是国家兴亡的根本,民心向背是国君得失天下

---

① 《左传·昭公二十年》。
② 《孟子·离娄上》。
③ 《荀子·性恶》。
④ 同上。
⑤ 同上。
⑥ 《荀子·成相》。
⑦ 《论语·颜渊》。
⑧ 《荀子·大略》。

的关键。那怎样做到以民为本,又提出要富民。孔子提出"节用爱人,使民以时"①,就是说使民众适时从事农业生产,不要夺农时,不要滥用民力。孔子对其弟子冉有所提出的人口多了怎么做的回答是"富之",即让民众富足。孟子提出"制民之产",认为"民之为道也,有恒产者有恒心,无恒产者无恒心"②。老百姓有了恒产可以上"足以事父母",下"足以畜妻子,乐岁终生饱,凶年免于死亡"。荀子在《富国》篇中,把富国与裕民直接联系了起来,说"足国之道,节用裕民"。德治思想认为富民,利民,使民众有安定富足的生活,这是仁政的根本,这样民心就会归顺,天下就能稳固。德治的核心在于民为邦本,只有始终把人民的利益放在首位,国家才能国富民安。"开元盛世""康乾盛世"的经验都告诉我们只有爱民、富民、惜民,民才能安、才能富,社会才可以稳定和谐发展。因此,在构建社会主义和谐社会,贯彻落实以人为本的科学发展观的今天,我们要始终不移地把人民的根本利益放在首位,以人民的切实需要为出发点。

2. 古代德治思想强调道德在社会生活中的感化和激励作用,要发挥其劝导力和说服力。它认为,单纯的刑罚并不能使社会统治安稳。正如孔子所言"道之以德,齐之以礼,有耻且格"③,只有加强对民众的道德教化,施以德政,用礼仪规范人们的思想和行为,才能不仅可以使其具有廉耻之心,而且可以杜绝其违法犯罪。因此,必须强调道德在社会生活中的感化和激励作用,发挥其劝导力和说服力。孟子在进一步强调道德教育的重要性时指出:"善政不如善教之得民也。善政,民畏之;善教,民爱之。善政得民财,善教得民心。"④ 因此,我们要加强公民道德建设,努力提高全民的素质,由下而上、由内而外地构建一个良好的社会环境,使社会主义荣辱观真正起到它的作用,为经济建设保驾护航。

3. 古代德治思想一方面极力主张"德"的重要性,另一方面也未完

---

① 《论语·学而》。
② 《孟子·滕文公上》。
③ 《论语·为政》。
④ 《论语·尽心上》。

全排斥"法"在治国中的重要作用。所谓"德主刑辅"就是这个意思。北宋王安石曾提出"昔论者曰：君任德，则天下不忍欺；君任察，则天下不能欺；君任刑，则天下不敢欺，盖遂以德、察，刑为次，盖未之尽也。"① 这说明他已经认识到单纯重德而轻法是不正确的。他认为治国，坚持修身、齐家始而达到治国、协和万邦、平治天下的目的，同时也要求要有法治。孔子讲为政要"宽猛相济"，其中宽蕴涵有德治的内涵，猛则主要指法治。孔子任鲁国司寇、摄相事，《史记》称其执政三月，"粥羔豚者弗饰贾，男女行者别于涂，涂不拾遗，四方之客至乎邑者，不求有司"，这显然离不开法治。回顾我国数千年的历史，我们不难发现秦朝治理国家片面强调"唯法为治"，实施严刑酷法，不施仁义，结果很快灭亡。盛唐时期在严明法制的同时，大搞"贞观修礼"，通过"制礼以崇敬，立刑以明威"，促进了唐代的兴盛发展。而宋朝中期以后，理学家片面鼓吹道德教化的作用，统治者不善于严明国家法纪，导致朝纲不振，法度松弛，以至国家一蹶不振，积贫积弱。历史上这些经验教训给我们的启示就是：治国一定要德法并用，宽严相济。所以，我们还要始终不移地坚持以德治国与依法治国相结合的治国之略。

总之，我国古代德治思想把道德建设作为国家统治和社会管理的基础和依据，强调道德对于巩固政权统治和维护社会秩序的重要作用，其基本价值取向是有着积极的历史意义的。当然，我国古代德治思想作为古代社会的伦理道德观念之一，不可避免地带有历史的时代的局限性，不符合现代社会发展的要求，应该予以分析辨别。

毛泽东曾精辟地指出："我国的长期封建社会中，创造了灿烂的古代文化。清理古代文化的发展过程，剔除其封建性的糟粕，吸收其民主性的精华，是发展民族新文化，提高民族自信心的必要条件；但是决不能无批判地兼收并蓄。必须将古代封建统治阶级的一切腐朽的东西和古代优秀的人民文化，即多少带有民主性和革命性的东西区别开来。"② 根据这个指导思想，我们当前所进行的社会主义和谐社会的构建，如果不从古代的德

---

① 《王文公文集》卷26。
② 《毛泽东选集》第2卷，第708页。

治思想中吸取有益的价值观念，那么，这种和谐社会的构建势必成为无源之水、无本之木，这与我国的文化传统和国情特点也是极不相称的。因此，我们在贯彻实施中央关于"构建社会主义和谐社会"以及全面落实科学发展观的战略部署过程中，应该大力弘扬德治思想的优良传统，使这一我国传统文化在新时代继续发挥积极的作用。

（四）治教一体，教内治外

1. 治教一体。强调教育与政治的统一、教育为政治服务是儒家教育的传统，也是《大学》的基本精神。《大学》开章明义，提出了大学教育的宗旨，即朱熹所谓"三纲领"："大学之道，在明明德，在亲（新）民，在止于至善。"① 大学教育的根本目的就是培养个人"明"其"明德"，即彰显自身的美好品德，并且能够用以教化人民，最终使全天下的人都能彰显美好品德。《大学》中最值得我们思忖的是下面一段文字："古之欲明明德于天下者，先治其国；欲治其国者，先齐其家；欲齐其家者，先修其身；欲修其身者，先正其心；欲正其心者，先诚其意；欲诚其意者，先致其知；致知在格物。物格而后知至，知至而后意诚，意诚而后心正，心正而后身修，身修而后家齐，家齐而后国治，国治而后天下平。"② 这段话不是在简单地反复，玩文字游戏，而是从不同的层面论述了教育与政治是一个统一体。"明明德于天下"是教育理想，"平天下"是政治理想。前者是从教育的理想要求出发，论述教育对政治的依赖性；而后者则是从教育的起点出发，论述了教育对于政治的基础作用。通过文字的循环往复将教育过程和政治过程的每一个步骤联系起来，互为因果，互为手段，表达了教育必须为政治服务，政治必须依靠教育的基本原则。

2. 教内治外。尽管教育过程与政治过程是相互统一的，但"明明德于天下"与"平天下"并不相同，前者是就理想、道德实践而言，是"教"的结果；后者则是就现实、政治实践而言，是"治"的体现。《大学》的

---

① 朱熹：《四书章句集注·大学章句》，齐鲁书社1992年版，第1页。
② 同上书。

思想体系所遵循的逻辑是从"内"到"外",从个人到社会。个体人格的完善是一个社会政治伦理从内到外的社会化过程,而政治即教化,政治过程就是教育和改造所有人的过程。一旦每个人"明"其"明德",齐家、治国、平天下的政治理想就是个人内心修养完成后的自然开展,理想社会也就自然实现。所以教育,"教"其"内"是根本,实现了教育的理想,政治理想也就自然实现。《大学》的这一思想典型地体现了儒家学派"内圣外王"的理想。在这种思想指导下,历代王朝都以"建国君民,教学为先"为教条,总是把教育放在国家政治的首要地位。

3. "修己治人"。儒家所谓"修己治人",可以说是治教一体在具体的人的培养过程中的体现。在儒家的思想体系中,"修己治人"的过程是一个教育过程,也是一个政治过程。"修己"是教育自己,"治人"是教育他人;"修己治人"的政治目的是平治天下。《大学》"三纲领"中的"明明德"是修己,是教育自己,而"亲民"则是"治人",是治理他人。"治人"实际上是一个推己及人的教育过程。对于被治之人来说,又是一个"明明德"的过程。《大学》强调"自天子以至于庶人,壹是皆以修身为本","修己"是本,"治人"是末,"齐家""治国""平天下"的"治人"过程是"修己"过程的自然外化。在教育过程中,使个人、家庭、国家政治达到了高度的统一。在此基础上,《大学》提出了"絜矩之道":"所恶于上,毋以使下;所恶于下,毋以事上;所恶于前,毋以先后,所恶于后,毋以从前;所恶于右,毋以交于左;所恶于左,毋以交于右。"[①]这也是"治人"的基本方法,也就是说,治国治民都应该根据"己所不欲,勿施于人"的原则推己及人而行事。

(五)伦理道德是治与教的实质

中国传统文化是伦理型文化,中国古代治与教的实质就是传统伦理道德。由氏族社会遗留下来的宗法社会形态,使中国文化围绕男女、夫妇、

[①] 朱熹:《四书章句集注·大学章句》,齐鲁书社1992年版,第10页。

父子、兄弟、朋友乃至君臣等各种社会关系形成了井然有序的伦理规范，以及尊卑、贵贱、亲疏、远近的等级观念。所谓"明德""亲民""止于至善"，所谓"修身""齐家""治国""平天下"，皆以道德的完善为旨归。其教育以德育为核心，其政治以德治为宗旨，"德"是治与教的根本，换句话说，中国封建社会的治国之术就是德治，治学之道就是德育。

伦理道德教育贯穿在《大学》教育纲领的始终。《大学》说："是故君子先慎乎德，有德此有人，有人此有土，有土此有财，有财此有用，德者本也。"[1] 道德对人的生活及价值具有本源的意义。所以，伦理道德既是政治的核心，又是教育的根本。从教育过程来说，伦理道德教育既是教育的起点，又是教育的归宿；既是教育的依据，又是教育的目的。"三纲领"的起点是"明明德"，而这一"明德"，就是指"天之所以予我，而我之所以为德者也。"它是先天完善和自足的，能依靠人的本能，即依靠天赋之德本身的力量加以发扬光大，从而实现人的完善和价值。其实质是儒家性善论的推衍。因此，教育过程是一个使人内在的先天道德觉醒的过程，并不需要外力强迫。而教育的最高目的是使天下每一个人都彰显其自身所固有的"天赋之德"。而在封建社会，这所谓"至善"，也就是社会中的每一个人都自觉遵守井然有序的伦理规范，正如朱熹所说："为人君，止于仁；为人臣，止于敬；为人子，止于孝；为人父，止于慈；与国人交，止于信。"[2] 每一个成员都应根据自己在一定社会关系中担任的不同角色承担相应的道德义务。教育的起点和终点、内容和方法都统一到了伦理道德上。教育的完成就是伦理道德的完成。

在封建社会，国家治理的实质就是维护井然有序的封建等级秩序，所以确立每个人的位置，使其符合伦理规范也就是教化百姓、治理国家的基础。正如唐太宗所说："德，国家之基也。""齐家""治国""平天下"都是修身的自然外化。"齐家"的主要内容是"孝""弟（悌）""慈"，而这些又正是"治国"的根本："其家不可教而能教人者，无之。故君子不出家而成教于国。孝者，所以事君也；弟（悌）者，所以事长也；慈者，

---

[1] 朱熹：《四书章句集注·大学章句》，齐鲁书社1992年版，第10页。
[2] 同上书，第4页。

所以使众也。"①"国治"的主要内容就是"兴仁""兴让"。在以血缘为基础的宗法制下,家国一体、天下一家,"治国"即如"齐家"。家庭的伦理也就是国家的秩序,社会的准则。所以"平天下"就是"上老老而民兴孝;上长长而民兴弟;上恤孤而民不倍"②。政治的最高目标就是建立一个理想的人伦社会,而整个过程又完成于伦常道德的建立。"孝"能"事君","悌"能"事长","慈"则能"使众",治国平天下的本领都是与自己的道德修养一脉相承的。这也是中国政治伦理一体化的社会结构的必然要求。因此,《大学》特别强调"八条目"中"修身"为本,身修自然家齐、国治、天下平,所谓"一家仁,一国兴仁;一家让,一国兴让;一人贪戾,一国作乱"③。一切的基础就是个人的道德修养,即良好地处理君臣、父子、夫妇、兄弟、朋友等人与人之间的关系,也就是伦常道德。

可见,在中国古代封建王朝,"教"与"治"的实质就是伦理道德的教育与封建伦理纲常的建立与维护。政治与教育统一于伦理道德。这正是儒家思想的优良传统,它现实地反映了以家庭为核心、以血缘关系为纽带而维系起来的宗法制农业文化的要求,贯穿于整个封建社会。维系这种宗法伦理关系的支持力量就是以仁、义、礼、智、信为主要内容的道德规范和社会制度。所以凡所谓"治世",则往往兴儒学以教化民众。如唐太宗,在贞观二年说:"朕所好者,惟尧舜周孔之道,以为如鸟有翼,如鱼有水,失之则死,不可暂无耳。"④ 并在全国各州县都设置了孔庙。此外还广招四方儒士云集京城,招名儒进入弘文馆。他还注意教师的选拔和地位的提高,提拔经学大师孔颖达为国子祭酒等等。当然,"唐太宗尊崇儒学的目的不是为学术而学术,而是以孔孟之道教化百姓,使之懂得并践履仁义道德,维护伦常关系"⑤。

---

① 朱熹:《四书章句集注·大学章句》,齐鲁书社1992年版,第8~9页。
② 同上书,第4页。
③ 同上书,第9页。
④ 司马光:《资治通鉴》,上海古籍出版社1987年版,第1291页。
⑤ 关连芳:《浅析唐太宗的"以德治国"》,《哈尔滨学院学报》2007年第4期,第18页。

(六)"孝"是"治"的重要举措

在中国封建伦理道德中,"孝"无疑是核心,"夫孝,始于事亲,中于事君,终于立身"①。在中国以宗法制为基础的封建社会中,"孝"已经不仅仅是家庭伦理规范而成为普遍的政治规范。"忠"与"孝"已只有形式而无本质的差别。而对封建统治者来说,让广大民众接受这样的观念无疑是有利于维护自己的统治的。孝道被视为一切道德规范的起点与核心,至于忠君、尊上和敬长,皆为孝道的自然延伸。所以在中国古代,无论是"教"还是"治"都离不开"孝"。以"孝"教化民众,提高整体社会的孝德素质和行孝意识,则是"孝治"施政的基础。

先说教育。从造字结构上看,"教"字从孝,可见中国传统教育与"孝"之密切关系。《孝经》云:"夫孝,德之本也,教之所由生也。"②"孝"乃"教"之本,无"孝"不成"教"。有了孝才有了根基,一切的教育才能扩展开来,才能真正化育百姓。所以历代所谓"治世"都很注重"孝"育。

在学校教育中,《孝经》从汉代开始就是必备的官方教科书。西汉时汉武帝增补《孝经》为第七经,并定为学校的教科书,学生的必读之书。汉代学校制度已比较完备,有中央的太学、地方的官学和民间的私学。太学教员由通经博士担任,课本以儒家经典为主;地方的官学,郡国曰学,县、道、邑曰校,乡曰庠,聚曰序。学、校各置经师一名,庠、序则只有一个讲解《孝经》的老师;私学教育也是以《论语》和《孝经》为主。后世历代大都对汉代的学校制度加以继承和发扬。以唐代为例,学制比汉朝更加完备,中央就有国子学和太学之分。唐政府明令规定:"《孝经》德之本,学者宜先习。"③ 孝是道德的根本,所以要首先学习,规定学校学生都必须学习《孝经》,唐太宗曾亲赴国子学听国子祭酒孔颖达讲解《孝

---

① 杜佑:《通典》,文渊阁四库本。
② 同上书。
③ 刘昫:《旧唐书》,中华书局1987年版,卷17。

经》，以示重视。在社会教化方面，史载唐玄宗为了充分发挥《孝经》的教育功能，不仅本人深入研习《孝经》，甚至以帝王之尊的身份专门对《孝经》作注解，并通过国家行政手段将其立为官学，并"诏天下民间家藏《孝经》一本"①，令每户必备。从此《孝经》进入每一个家庭，成为唐代社会流传最广的一部儒家典籍。

再说政治。"孝"也是政治施为的重要举措。在中国古代社会，主要有以下几个方面：

1. 旌表孝行，以树立楷模。在中国古代，"政治的标准对于社会成员的价值观和行为选择具有强烈的引导作用。统治者通过给予符合封建伦常者一定的奖赏必定会对全社会的行为指向产生强烈的引导作用"②。在实践中，如唐代，唐高祖李渊于武德年间颁发《旌表孝友诏》，布告天下，对孝民王世贵、宋兴贵等人进行表彰，免除他们的课役。继李渊之后，旌表孝悌、以孝垂范，便成为李唐各代皇帝弘扬孝德的常用手段。此外，孝行也被记入官方正史当中加以宣扬。如《魏书》《晋书》《隋书》《旧唐书》等正史中都有专门记载孝行的《孝义传》《孝友传》等等。

2. 奉行尊老政策，以培养孝亲顺民。《大学》云："上老老而民兴孝"，这是封建孝道伦理的一个基本观念。最高统治者做出表率尊老敬老，天下百姓自然就会孝顺父母，成为孝亲顺民。从这一原则出发，自汉代起，尊老敬老便成为历代封建国家"孝治天下"的既定施政内容。如唐代对高龄老人在物质生活上给予特殊养老关照，并形成这样一种惯例：每位皇帝在位期间，都会以天子的名义不时地对高龄老人施予粟米、绢帛一类的物质赏赐。此外，律法上也有一些特殊规定，如老人犯法，不堪受重刑，可以降级；70岁以上者，不能承受流徒之苦，可以用钱赎买等等。

3. 把孝道伦理作为朝廷人才选拔的重要依据或参照标准。主要有两种：一是实行举孝廉制，将孝行与选官制度相结合。一个人只要"孝"，就可被举为"孝廉"，到地方乃至中央做官。这是两汉士子入仕的主要途

---

① 范晔：《后汉书》，中华书局2000年版，第218页。
② 张李军：《"孝"是传统德治的重要实践途径》，《红河学院学报》2006年第1期。

径。据《后汉书·和帝纪》注引《汉官仪》中记载:"建初八年十二月己未,诏书辟士四科:一曰德行高妙,志节清白;二曰经明行修,能任博士;三曰明晓法律,足以断疑,能案章覆问,文任御史;四曰刚毅多略,遭事不惑,明足照奸,勇足决断,才任三辅令。皆存孝悌清公之行。"① 可见东汉选取人才,或重视德行、或注重才能,但具备"孝悌""清公""廉正"等德行乃四科之本。二是设立"孝悌"科目,把举孝选官纳入科考序列。隋唐科举制产生后,封建国家开始专门设立了"孝悌"考试科目:孝悌廉让科和孝悌力田科。其考试的基本要求是"精通一经"或"熟读一经"。这与明经科要求掌握诸多儒家经典的考试,进士科既要考经典又要考诗文的要求相比,是不能同日而语的。换言之,"孝悌"科选官,在考试内容和难度方面,较之其他科目,都尽可能降低标准。

4. "不孝入罪",以遏制不孝行为的发生。《孝经·五刑章》曰:"五刑之属三千,而罪莫大于不孝。"② 在汉律中把"不孝"列为大罪之一。子女若殴打父母,即使误伤,也要被判处死刑。三国两晋南北朝时期,孝的内容在封建法制中进一步具体化、制度化。北齐律首创"重罪十条",其中不孝罪为十恶不赦的罪名之一。刘宋时代法律规定父母可以子不孝为由而杀之,不负任何责任。隋唐为中国封建法制达到比较完备的时期,孝在法律上反映得最为全面和最为具体。不孝之罪特大,不但法律上有专条,而且归入于"十恶",标于篇首。从唐律上看,"不孝"为数罪名之总称,凡属违犯"善事父母"者均称不孝。

综上所述,"孝"是中国古代教育教化的核心内容,也是政治施为的重要举措。在中国古代封建社会,统治者力图通过"孝育"和"孝治"两种途径,达到驯化民众、治国安民的政治目的。

---

① 范晔:《后汉书》,中华书局2000年版,第120页。
② 胡平生:《孝经译注·开宗明义》,中华书局1999年版,第27页。

中篇 02

中国现代德治思想的演变与政治实践

第六章

毛泽东德治思想与政治实践

毛泽东德治思想继承和发展了马克思主义道德学说，扬弃了中国传统德治思想，它是在中国革命和建设实践中形成和发展起来的，并以马克思主义为指导进行了大胆的理论创新。以毛泽东为代表的中国共产党人，在中国革命和社会主义建设进程中，将马克思主义德治思想和中国的具体实践相结合，强调重视思想道德建设，以德建党、以德治政、以德育人，并提出了一系列具体的方法和途径，形成了比较完整的德治思想。毛泽东的这一思想有着深厚的理论渊源，蕴含着极其丰富的内容。这一思想对于我们今天进行社会主义道德建设、新时期的党员干部教育、科学发展观的落实、社会主义和谐社会的构建以及实施"依法治国"和"以德治国"的治国方略都具有十分重要的理论指导意义。

一、毛泽东德治思想形成的渊源

毛泽东德治思想，从理论上说，是同中国传统德治思想和马克思主义关于思想道德建设的理论密不可分的；从实践上说，又是从同近代中国社会的历史进程尤其是中国革命的具体实践密切相关的。

（一）中国传统德治思想是毛泽东德治思想的理论渊源

中国古代德治思想，内容极为丰富，源远流长，影响深远，是一个重要的理论宝库。德治思想是中国古代治国之道的主要内容之一，特别是以儒学为代表的中国古代德治理论，在中国古代思想史管理和社会管理实践中具有特殊的地位和作用。毛泽东从小就接受儒学教育，致力于修身、伦理的学习，通读大量从先秦诸子到明清思想家的著作，这就为他德治思想的形成奠定了基础。德治是儒家的一种重要的政治主张。孔子重德治，讲仁政，"仁"是孔子"德治"理论的核心，他明确提出了"为政以德"和"齐之以礼"的基本管理思想，并把政治统治和社会治理活动看成是始于"修己"而终于"安人"的社会调节过程。孟子更是把礼仪道德看成是国家的基础，他德治思想的核心是仁政的王道学说，主张行王道、仁政、以德服人，并把"修身"看成是"齐家""治国""平天下"的根本前提。孔子、孟子、荀子等思想家的观点为中国古代德治思想奠定了思想基础和理论框架，后来又经过汉代学者以及宋明以来诸多思想家的理论思辨，最终发展成为一个内容庞大、逻辑严密的思想体系。从总体上看，中国古代德治思想主要应用于国家的统治、社会的治理，要求国家统治和社会管理者，提高自身的德行，进行自我修养，再用已修之身去管理国家、社会和人民，实现"齐家、治国、平天下"的政治目的。毛泽东深受中华传统文化的熏陶，中国传统德治思想中的维护道德秩序、注重行为规范、严格要求自己、尊重理解他人、热爱集体利益等观念，对毛泽东的德治思想产生了十分重要的影响。他结合中国当时的国情，批判地吸收了中国古代德治思想，将其应用于中国革命和建设的实践中，并取得了辉煌的成绩。中国古代的优秀传统德治思想是毛泽东德治思想的理论渊源。

（二）马克思主义德治理论是毛泽东德治思想的直接理论来源

马克思主义德治理论要求用社会主义和共产主义道德大力提高社会成

员的思想政治觉悟，注重以德建党、以德执政、以德育人，以树立良好的社会道德风尚，培养一代又一代的社会主义新人。其基本内容主要包括：第一，确立了道德建设必须服从和服务于无产阶级根本利益的基本方针；第二，规定了道德建设的基本任务是培养人、教育人和提高人；第三，阐述了道德建设的基本内容是树立马克思主义的科学世界观、确立无产阶级的道德规范和开展共产主义道德教育；第四，提出了道德建设的具体途径和方法。马克思主义认为，社会主义道德建设要与群众实践相结合、要与法制建设相结合、要与物质利益相结合，要采取灌输与榜样相结合等方法来加强。马克思主义传入中国后，得到了广泛的传播，成为中国共产党和中国革命的指导思想和行动指南，马克思主义的德治理论也成为毛泽东和中国共产党改造和治理中国社会的指导思想。

（三）中国革命建设的实践是毛泽东德治思想形成的实践土壤

在灾难深重的近代中国，一批批先进的中国人对救亡图存等社会问题进行了探讨，维新运动、辛亥革命等一次次的失败，使他们逐渐认识到德政的重要性，认为处在水深火热中的中国只有开展文化、道德革命，从思想上改造国民才能拯救中国。随后，李大钊、陈独秀发起的以文化、道德革命为主要内容的新文化运动深刻地影响了青年毛泽东的政治伦理思想，认为"动天下"，必先"动天下之心"，而"动天下之心"必须有"大本大源"。而要有"大本大源"，必须"从哲学伦理学入手，改造哲学，改造伦理学，根本上变换全国之思想"。在创建中国共产党和工农红军过程中，他特别注意批判和克服党内的各种错误思想，强调用马克思主义的科学世界观来武装党员、战士，十分强调思想政治工作的重要性。他尤其重视党的思想作风建设，认为"掌握思想领导是掌握一切领导的第一位"。[①]"掌握思想教育是团结全党进行伟大斗争的中心环节"。在探索社会主义现代化建设道路过程中，他同样看到了精神、道德、意志的作用，指出：

[①]《毛泽东文集》第 2 卷，人民出版社 1993 年版，第 435 页。

"政治工作是一切经济工作的生命线"。① 在社会经济制度发生根本变革的时期,尤其是这样。他认为"思想和政治是统帅,是灵魂"。② 在晚年,毛泽东强调要用共产主义精神武装全国人民的头脑,要经常开展"灵魂深处的革命"。对"意识形态领域的阶级斗争"常抓不懈。毛泽东认为,精神的力量集中体现了民族的力量。毛泽东德治思想就是在近代中国人民探索救国救民真理的实际进程以及新民主主义革命和社会主义革命与建设的实践中产生的。

二、毛泽东德治思想的主要内容

在中国革命和社会主义建设进程中,以毛泽东为代表的中国共产党人在批判继承中国传统德治思想的基础上,将马克思主义德治思想和中国的具体实践相结合,强调重视思想道德建设,以德建党,以德治政,以德育人,并提出了一系列的具体途径和方法,形成了比较完整的德治思想。毛泽东德治思想包含以下主要内容。

(一) 全心全意为人民服务是毛泽东德治思想的核心

毛泽东始终把为人民服务作为一条基本道德标准来教育干部和党员。他说"我们应该谦虚、谨慎、戒骄、戒躁、全心全意为人民服务"。③ 他把为人民服务作为衡量党员干部价值大小的最高标准,把"为人民谋幸福"作为自己毕生行动的准则和奋斗目标。在中国共产党领导下的革命队伍中,大批的具有崇高共产主义道德品质的优秀人物不断涌现,毛泽东用"为人民服务"给予这些人以高度评价,他指出:"为人民服务",就是

---

① 《毛泽东文集》第6卷,人民出版社1999年版,第449页。
② 《毛泽东文集》第7卷,人民出版社1999年版,第351页。
③ 《毛泽东选集》第3卷,人民出版社1999年版,第1027页。

"一切从人民的利益出发"。① "共产党员的一切言论行动，必须以合乎最广大人民群众的最大利益，为最广大人民群众所拥护为最高标准"；为人民服务，就是要有"毫不利己、专门利人"的精神，"只要有这点精神，就是一个高尚的人，一个纯粹的人，一个有道德的人，一个脱离了低级趣味的人，一个有益于人民的人"。② 他认为，党执政以后官员出问题，党内出问题，贪污腐化现象不断滋长，主要是因为一些党员干部的道德品质出现了问题。为此，毛泽东提出了一系列道德规范，不但培养干部的高度政治责任感，使其具有坚定的政治方向，还要培养他们人民利益高于一切的对人民负责的责任意识，他指出："我们共产党人区别于其他政党的一个显著标志，就是和最广大人民群众取得最密切的联系。全心全意地为人民服务，一刻也不能脱离群众；一切从人民的利益出发，而不是从个人利益出发；向人民负责与向党和领导机关负责是一致性的，这就是我们的出发点和归宿。"③ 因此共产党员无论在工作中，还是在实际行动上都应自觉地为人民利益而奋斗，当好人民的公仆。共产党员只有全心全意为人民服务，在为人民谋利益中才能体现中国共产党执政为民的宗旨。

（二）坚持以德建党，开展思想建党和作风建党

毛泽东认为，中国革命的特殊历史条件决定了在中国建设无产阶级先锋队的重要意义，中国共产党建立的特殊历史环境又决定了加强对党员思想进行教育和改造的重要性。而在思想建党和作风建党的过程中，对广大党员进行马列主义毛泽东思想教育，确立共产党思想品德和优良作风则是重中之重。由此可见，思想建党和作风建党本质上是一个以德建党的问题，以德建党形成了毛泽东党建理论的鲜明特点。以德建党，就是要加强党内的思想教育和思想领导，用马列主义的思想教育党员树立无产阶级世界观、人生观和价值观，提高广大党员的理论、政治水平和道德素质。

---

① 《毛泽东选集》第3卷，人民出版社1999年版，第1096页。
② 《毛泽东选集》第2卷，人民出版社1999年版，第660页。
③ 《毛泽东选集》第3卷，人民出版社1999年版，第1095页。

加强政党伦理的建设，就是要通过对广大党员的教育，培养党员对党的忠诚、对马克思主义的信仰、对共产主义的信念和对道德的操守。并通过党的各级组织，在广大人民群众中的战斗堡垒作用和党员的先锋模范作用，以提高广大人民群众的道德素质和道德水平。在《为人民服务》《愚公移山》等著作中，毛泽东明确提出：立共产党人之德，就是要求每一个共产党员要树立全心全意为人民服务的人生价值观，要有毫不利己、专门利人的共产主义风格，要有愚公移山的艰苦奋斗的精神，要有集体主义无私奉献的崇高道德品质。正因为如此，毛泽东从实际出发，针对不同时期的不同形势、问题和任务，采取了集中教育同经常教育相结合、以道德自律为主，自律与他律相结合的途径和方法，在党内发动了一次又一次的思想教育和整风运动，使中国共产党始终成为中国革命和建设坚强的领导核心。为了实现思想建党这一目标，强调共产党员不但要在组织上入党，而且要在思想上入党。经常注意以无产阶级思想改造和克服各种非无产阶级思想，积极开展思想斗争，认真纠正党内的各种错误思想。在他看来，党内出现骄傲自满、主观主义、官僚主义、贪污腐化等不正之风，最根本的原因是有些党员、干部的思想出了问题，就是主观犯错误，思想不对头。党的七大时，毛泽东指出："掌握思想教育，是团结全党进行伟大政治斗争的中心环节。如果这个任务不解决，党的一切政治任务是不能完成的。"① 中国共产党之所以能够不断发展壮大，胜利完成新民主主义革命的任务，并成为领导社会主义事业的执政党，决定性的原因，就在于它是一个用马克思主义武装起来的思想统一的党。而作风建党，就是要克服和消除党内存在的主观主义、官僚主义、宗派主义、自由主义等不正之风，确立和发扬密切联系群众、批评和自我批评、艰苦奋斗、理论联系实际、谦虚谨慎、不骄不躁等优良作风。

（三）重视加强思想道德建设，做到思想道德理论与实践的结合

毛泽东在青年时期，深受中西伦理思想的影响。他强调要在广大党员

---

① 《毛泽东选集》第3卷，人民出版社1999年版，第1095页。

干部中经常开展思想道德教育活动,并指出其重要性,认为这是治本之道,并提出了以德治党的具体途径和方法。包括:集中教育同经常教育相结合;道德自律和道德他律相结合,以自律为重点;从实际出发,强调要针对不同时期的不同形势、问题和任务,提出不同的纠风重点。在创建中国共产党和工农红军的过程中,他特别注意批判和克服党内军内的各种错误思想,强调要用马克思主义的科学世界观来武装我们的党员和战士。在井冈山时期,为了提高部队的战斗力以及增强共产党的号召力,他就从道德层面上思考问题,对全体党员和红军指战员提出了品德方面的要求。针对秋收起义队伍从旧军队中带来的坏习气和军阀作风,毛泽东着手进行了著名的"三湾改编",提倡官兵平等,主张干部要以德服人,而且自己要身体力行。为了搞好军民关系,毛泽东制订了"三大纪律、六项注意"。在延安整风时期,针对主观主义、宗派主义和党八股的作风,他提出了纠正"三风"的任务。新中国成立初期,开展了反对以功臣自居的自满情绪、官僚主义和命令主义的纠风运动。在探索社会主义现代化建设道路过程中,他强调精神、意志、道德的作用。指出"人是要有一点精神的","精神可以变物质","没有正确的政治观点,就等于没有灵魂"。全党全军和全国人民必须高度重视思想道德建设。

毛泽东将思想道德理论教育与实践相结合,强调必须从实际出发。从当时当地的实际情况出发,有针对性地做好群众的引导、组织工作和思想工作,并注重从群众的思想实际出发。只有贴近群众的思想实际,才能切中要害,对症下药,收到实效。在思想道德教育方面,毛泽东还十分重视身教与言传相结合,强调领导者必须以身作则,起到模范带头作用。毛泽东也正是这样一位领导人。他的地位虽然很高,但他从未以权谋私,生活简朴,他高尚的人格形象及其在实践中的示范作用,作为一种精神力量推动着我国各项事业的前进。

(四)重视以德育人,培养德智体全面发展的社会主义新人

以德育人,造就社会主义新人是以德治国的基本任务。毛泽东认为,共产党领导人民当家做主,同以往统治阶级治理国家的一个根本区别,在于不是要扭曲人们的心灵,使人们成为循规蹈矩的"臣民",而是要培养出具有共产主义思想道德品质的一代新人,实现同传统思想的决裂。首先,他提出了社会主义社会的教育方针:"我们的教育方针,应该使受教育者在德育、智育、体育几方面都得到发展,成为有社会主义觉悟的有文化的劳动者。"① 他认为,实施"德治"就是通过教育的手段,提高人民的思想觉悟和道德品质,此外,社会主义新人还应具有丰富的文化知识、专门的工作技能和强健的身体素质。他还特别注重对青少年进行思想道德建设。在1939年的延安模范青年发奖大会上,他要求青年应该把坚定正确的政治方向放在第一位。新中国成立后,他又指出要在群众中间经常进行生动的、切实的政治教育,并从多方面论述了培养新人的方法,认为无产阶级和革命人民要在改造客观世界的同时改造自己的主观世界,在实践中不断提高自身的道德品质,并通过批评和自我批评、学习典型人物高尚的道德品质,以使整个社会的道德风尚有所提高。毛泽东指出:我们造就的社会主义新人,应该是"一个高尚的人,一个纯粹的人,一个有道德的人,一个脱离了低级趣味的人,一个有益于人民的人"。按照这"五种人"的标准,培养和造就一大批社会主义新人,是以德治国的基本目标和任务。在马克思主义发展史上,毛泽东的德治思想具有自己鲜明的特点。他批判地继承了中国传统的德治思想,把马克思主义伦理道德观与中国共产党和中国社会的道德教育、道德实践相结合,实现了继承和创新的统一。

三、毛泽东德治思想的现实意义

毛泽东德治思想是在马克思主义的指导下,并在中国革命和建设的伟大实践中形成的。他的这一思想对于今天的社会主义道德建设、新时期的党员干部教育、科学发展观的落实、社会主义和谐社会的构建以及实施

---

① 《毛泽东文集》第7卷,人民出版社1999年版,第226页。

"依法治国"和"以德治国"的治国方略都具有十分重要的指导意义。

(一) 对中国特色社会主义道德建设的直接指导意义

社会主义道德建设是社会主义精神文明建设的重要内容，是先进文化的发展方向的内在要求。社会主义道德建设坚持以为人民服务为核心，这是它区别和超越于其他社会形态道德的显著标准。它不仅是对共产党员和领导干部的要求，也是对广大群众的要求。而毛泽东德治思想的核心也是全心全意为人民服务。他始终把为人民服务作为一条基本道德标准来教育干部和党员，把为人民服务作为衡量党员干部价值大小的最高标准，认为共产党员的一切言论行动，必须符合最广大人民的根本利益。毛泽东思想作为社会主义道德建设的指导思想，他的德治思想中全心全意为人民服务这一核心内容，对我们今天进行的社会主义道德建设具有指导意义，我们应该继承坚持毛泽东的德治思想，并将他的德治思想与中国当前道德建设的实际相结合，使我国的社会主义道德建设取得突破性的进展，同时对我们今天正确处理好物质文明和精神文明建设的关系、推动两者的协调发展也具有十分重要的意义。

(二) 对新时期加强党员干部道德教育的指导意义

党是整个社会的表率，党的各级领导同志又是全党的表率。领导干部，特别是高级干部以身作则非常重要。群众对干部总是要听其言、观其行的。共产党作为执政党，如果自身都存在着思想道德问题，就更谈不上对全社会进行思想道德教化了。因此要不断对广大党员干部进行科学的世界观、人生观、价值观，以及为人民服务和艰苦创业的精神与思想道德的教育。毛泽东德治思想的核心内容是为人民服务，他说"我们应该谦虚、谨慎、戒骄、戒躁、全心全意为人民服务"，把为人民服务作为衡量党员干部价值大小的最高标准。在他的德治思想中，还要求党员干部要保持廉洁，坚持我党艰苦朴素的优良作风、密切联系群众、保持同人民群众的血肉联系。他的这一思想对我们今天的党员教育、提高党员干部的道德素质具有积极的作用，并能更好地保持党的先进性，提高党的执政能力。

（三）对构建社会主义和谐社会的理论指导意义

中国传统"和谐"思想，包括社会政治关系和谐、人际和谐、天人和谐等重要内容。毛泽东深受中国古代德治思想的影响，吸取古代德治思想中有价值的因素。包括孔子的中庸思想、大同思想等思想，毛泽东在讲话时也经常提到"和为贵"，青年时的毛泽东追求、向往大同世界，以实现大同理想为己任，把"大同"当做是"共产主义"的同义词，他认为以公有制为基础的大同理想与马克思主义的共产主义理想有一致之处。而我们今天所要建设的社会主义和谐社会，是一个民主法治、公平正义、诚信友爱、充满活力、安定有序、人与自然和谐相处的社会。诚信友爱是针对人与人之间的关系而言的，和谐社会要求人与人之间要互信、互爱，安定有序是指人民能够过上安定的生活，社会秩序稳定，此外还要求人与自然的和谐相处。毛泽东德治思想把马克思主义的基本原理同中国的具体实际相结合，并用马克思主义的世界观、人生观、价值观来统一人们的思想，它调整了社会关系特别是社会利益关系，保持了社会、政治的高度稳定。他的这一思想对于我们落实科学发展观，特别是构建社会主义和谐社会具有重要的理论指导意义。

（四）对实施"依法治国"和"以德治国"的指导意义

江泽民同志提出：我们在建设有中国特色社会主义、发展社会主义市场经济过程中，要坚持不懈地加强社会主义法制建设，依法治国；同时也要坚持不懈地加强社会主义道德建设，以德治国。"德治"是"法治"的思想前提，"法治"是"德治"的制度化、规范化，二者相互联系，缺一不可。实施依法治国与以德治国的基本方略是建设有中国特色社会主义的重要内容和重要保证。以德治国，是以马克思列宁主义、毛泽东思想、邓小平理论为指导，其核心是为人民服务。而毛泽东德治思想的核心内容也是为人民服务，要求党员干部要全心全意为人民服务，密切联系群众，一切言论行动都必须符合最广大人民群众的利益。这一思想中的以德建党、以德治党、以德育人对实施以德治国方略也有指导意义，德治与法治是相辅相成、相互促进的，将两者结合起来，就能更有效地促进社会的健康、稳定地发展。毛泽东的德治思想，能够更好使我们实施"依法治国"和"以德治国"的治国方略。

毛泽东的德治思想具有自己鲜明的特点，它批评继承了中国传统的德治思想，把马克思主义理论道德与中国社会的道德教育相结合，实现了继承和创新的统一。他的这一思想对于我们今天社会主义道德建设、新时期的党员干部教育、科学发展观的落实、社会主义和谐社会的构建及实施"依法治国"和"以德治国"的治国方略都具有十分重要的理论指导意义。

第七章

邓小平德治思想与政治实践

邓小平德治思想关乎建设有中国特色社会主义事业的治国方略问题。它深刻反映了邓小平立足国情、面向世界、勇于开拓进取的理论创新精神,是全党、全国人民在深化改革、扩大开放、发展市场经济的新形势下,不断推动社会主义现代化进程的宝贵思想财富和精神动力。

一、邓小平德治思想的理论基础

邓小平德治理念的提出有着很深的理论渊源,它是对马克思列宁主义、毛泽东思想的继承和发展,其理论来源首先存在于马克思主义思想的主流中。马克思开创的历史唯物主义基本原理揭示了政治、经济和文化的辩证关系。经济是基础,政治是经济的集中表现,文化则是经济基础与国家政治的能动反映。因而中国特色社会主义市场经济体制的创新,不但需要新型民主政治体制创新作为制度保证,而且需要新型思想道德体系作为精神支柱。

马克思在《哥达纲领批判》中指出,社会主义是一个"刚刚从资本主义社会中产生出来"的社会,"因此它在各方面,在经济、道德和精神方面都还带着它脱胎出来的那个旧社会的痕迹"[①]。这就告诉我们,消除道

[①] 《马克思恩格斯选集》第3卷,人民出版社1995年版,第304页。

德和精神方面的旧社会的痕迹，是社会主义历史阶段的一项重要任务。毛泽东曾告诫全党："掌握思想教育，是团结全党进行伟大政治斗争的中心环节。如果这个任务不解决，党的一切政治任务是不能完成的。"① 在继承毛泽东具有浓郁劝诫色彩的德治思想的同时，邓小平把主要注意力放到了如何协调好德治与经济建设、社会全面进步的关系上，从而形成了面向新时代、思考新问题、指导新实践的德治思想。

邓小平关于德治的理论，坚持和发展了马克思列宁主义、毛泽东思想，凝结了中国共产党人带领人民不懈探索实践的智慧和心血，是党最可宝贵的政治和精神财富，是全国各族人民团结奋斗的共同思想基础，是围绕我国正在进行的改革开放和社会主义现代化建设的思想道德要求而做出的新的理论概括。

二、邓小平德治思想是对中国传统德治思想的科学扬弃

中国的德治思想是中国政治文化的根基。我们党历来重视以中华民族的传统美德和革命道德教育全党，教育人民。正如党的十七大报告所指出的："中华文化是中华民族生生不息、团结奋进的不竭动力。要全面认识祖国传统文化，取其精华，去其糟粕，使之与当代社会相适应，与现代文明相协调，保持民族性，体现时代性。加强中华优秀文化传统教育，运用现代科技手段开发利用民族文化丰富资源。"在社会主义现代化建设过程中，我们应该批判地继承我国古代优秀的德治传统。

在我国几千年的政治文明和精神文明的历史中，形成了独具特色的德治思想，其中以孔子为代表的儒家"德治"思想影响最为广大。孔子强调"为政以德"。他说："为政以德，譬若北辰，居其所而众星共之"②，"其身正，不令而行；其身不正，虽令不从"③。意思是说，统治者治理国家

---

① 《毛泽东选集》第3卷，人民出版社1991年版，第1049页。
② 《论语·为政》。
③ 《论语·子路》。

要有德,只有治国者拥有良好的道德,才能感染和熏陶人们,才能得到人民的拥护和爱戴,才能治理好国家。在强调"德政"的同时,孔子也强调要实施"德教"。"德教"就是通过对民众的道德教化来提高人们的道德自觉性。孔子说:"道之以政,齐之以刑,民免而无耻;道之以德,齐之以礼,有耻且格。"① 意思是说,仅仅用政令来引导,用刑罚来威慑,禁止人民作坏事,那么,民众充其量能够做到不触犯刑规,但不会有羞耻之心。如果用道德来引导,用礼节来规范民众的行为,民众就不但会有羞耻之心,而且能逐渐成为有道德的人。

我国古代的"德治"思想不可避免地具有阶级性和历史局限性,传统德治思想从维护剥削阶级的利益出发,片面夸大治国中道德教化的作用,易将法治活动弱化。虽然它是封建专制制度的产物,为封建专制制度服务,具有极大的虚伪性和欺骗性,但其中也包括大量合理因素和教育睿智,是中华民族优秀文化遗产的一部分。邓小平提出的德治思想有着深厚的历史和文化底蕴,是对我国传统"德治"思想批判地继承,因此说中华传统"德治"思想是邓小平建构"德治"方略的思想渊源。

三、邓小平德治思想的主要内容

(一) 加强党的道德建设

我国是社会主义国家,中国共产党是执政党,党在进行社会主义现代化建设的过程中应该不断提高自身道德水平。

1. 治国必先治党

治国必先治党,这是由我们党的执政地位决定的。执政党是一个国家中占统治地位的阶级或政治集团的代表,在各种社会力量中居于支配地位。我们国家是中国共产党领导的社会主义国家,党是国家政权的领导者

---

① 《论语·为政》。

和组织者。党领导得如何，直接关系民族的兴衰和国家的前途命运。这就要求我们必须不断改善党的领导，把党的自身建设搞好。正如邓小平所说的："党除了应该加强对于党员的思想教育之外，更重要的还在于从各方面加强党的领导作用，并且从国家制度和党的制度上作出适当的规定，以便对于党的组织和党员实行严格的监督。"① 在中国，正是由于邓小平领导我们实施改革开放的新政策，开辟了建设有中国特色社会主义的光辉道路，社会主义事业才焕发出了新的生机。我们只有不断加强党的建设，才能使我们党抵制各种反马克思主义思潮，坚持走社会主义道路，才能担负起领导改革开放和现代化建设的伟大使命，使中国跻身于世界强国之林。

2. 治党务必从严

治党务必从严，这是我们党的执政地位和党的宗旨决定的。作为执政党，我们党成为社会主义事业的领导核心。党的干部担负着各级国家机关、经济和文化教育部门的领导职务。要使党保持和巩固长期执政的地位，完成历史赋予的庄严使命，必须努力提高党的拒腐防变和抵御风险的能力。"事实证明，共产党能够消灭丑恶的东西。在整个改革开放过程中都要反对腐败。对干部和共产党员来说，廉政建设要作为大事来抓。"②

从严治党还"要坚持和改善党的领导，必须严格地维护党的纪律，极大地加强纪律性"，"要通过思想政治教育工作，加强全党的组织性、纪律性。各级组织、每个党员都要按照党章的规定，一切行动服从上级组织的决定，尤其是必须同党中央保持政治上的一致。这一点在现在特别重要。谁违反这一点，谁就要受到党的纪律的处分。党的纪律检查工作要把这一点作为当前的重点"③。

3. 治党务必重德

好的社会风气的形成要靠好的党风的带动，中国共产党必须使自己成为良好社会道德风尚的实践者和示范者。邓小平指出："我们提倡的正确的作风，就是毛主席指出的理论与实践结合的作风，联系群众的作风，自

---

① 《邓小平文选》第 3 卷，人民出版社 1994 年版，第 380~381 页。
② 同上书，第 379 页。
③ 同上书，第 366 页。

我批评的作风。"① "为了促进社会风气的进步,首先必须搞好党风,特别是要求党的各级领导同志以身作则"②;"要提高全党同志建设社会主义现代化强国的信心,通过各个岗位的党员的模范行动影响和吸引群众,振奋精神,团结一致,专心致志,稳步前进,实现我们的宏伟目标"③。

邓小平强调加强党的道德水平的建设。他说:"党章要求,每一个党员严格地遵守党章和国家的法律,遵守共产主义道德,一切党员,不管他们的功劳和职位如何,都没有例外。在这里,中央认为,关于对任何功劳、任何职位的党员,都不允许例外地违反党章、违反法律、违反共产主义道德的规定,在今天具有特别重要的意义。"④

(二)提出了社会主义要有高度的精神文明

建设高度的社会主义精神文明,是我们进行改革开放和社会主义现代化建设的重要目标和重要保证。对巩固社会主义制度,保证社会主义建设方向和建设高度的社会主义物质文明具有重要的作用。它为现代化建设提供精神动力、智力支持和创造良好的社会环境,为现代化建设朝着正确方向发展提供思想保证。

党的十一届三中全会以后,邓小平提出在建设高度物质文明的同时,建设高度的社会主义精神文明。邓小平指出:"在社会主义国家,一个真正的马克思主义政党在执政以后,一定要致力于发展生产力,并在这个基础上逐步提高人民的生活水平。这就是建设物质文明。""与此同时,还要建设社会主义的精神文明。""我们要建设的社会主义国家,不但要有高度的物质文明,而且要有高度的精神文明。"⑤ 两个文明建设是相互促进,缺一不可的。一方面,物质文明是精神文明建设发展的基础,它为人们从事精神生产提供物质生活条件和物质手段,是社会主义精神文明的源泉,

---

① 《邓小平文选》第1卷,人民出版社1994年版,第154页。
② 《邓小平文选》第2卷,人民出版社1994年版,第177~178页。
③ 同上书,第260页。
④ 《邓小平文选》第1卷,人民出版社1994年版,第243页。
⑤ 《邓小平文选》第2卷,人民出版社1994年版,第367页。

决定着精神文明发展水平。另一方面，精神文明建设为物质文明建设提供了强大的精神动力和智力支持，并保证其正确的前进方向。没有高度的社会主义精神文明，社会主义的经济和政治就不可能存在和巩固，更说不上向前发展，也就不能从根本上实现和维护广大人民群众的利益。由此可见，大力加强社会主义的思想道德建设，是贯彻"三个代表"思想，建设有中国特色社会主义文化的重要体现，是建设富强、民主、文明的社会主义现代化国家的必要条件，是建设有中国特色社会主义的本质要求。

社会主义的精神文明重在建设，贵在落实，务求实效。邓小平指出："抓精神文明建设，抓党风，社会风气好转，必须狠狠地抓，一天不放松地抓，从具体事件抓起。"① 通过探索精神文明建设工作的规律，脚踏实地地工作，提高中华民族的思想道德素质，从而调动人民群众进行社会主义现代化建设的积极性，增强上层建筑活力，保证国家的长治久安。

（三）确立了培养社会主义"四有"新人的任务

邓小平根据马克思主义关于创造社会主义新人的理论，结合我国具体实际，多次明确提出，必须按照有理想有道德有文化有纪律的要求，培养一代又一代社会主义新人。邓小平指出："我们在建设具有中国特色的社会主义时，一定要坚持发展物质文明和精神文明，坚持五讲四美三热爱，教育全国人民做到有理想，有道德，有文化，有纪律。"②。培养"四有"新人是社会主义文化建设和精神文明建设的目标。邓小平指出，"我们的目标是'四有'"，"搞社会主义精神文明，主要是使我们的各族人民都成为有理想，讲道德，有文化，守纪律的人民。"③

"四有"是一个有机统一的整体，是社会主义现代化建设对人才素质提出的综合要求。邓小平指出："四有"既是统一的，又是有层次的。从其统一性来看，它们是一个相互联系、相互渗透、相互促进、相辅相成的

---

① 《邓小平文选》第3卷，人民出版社1994年版，第152页。
② 同上书，第110页。
③ 《邓小平文选》第2卷，人民出版社1994年版，第408页。

有机整体,有理想是目标,有道德是基础,有文化是条件,有纪律是保证。又指出:"这四条里面,理想和纪律特别重要。我们一定要经常教育我们的人民,尤其是我们的青年,要有理想。""我们这么大一个国家,怎样才能团结起来、组织起来呢?一靠理想,二靠纪律。"①"我们多年奋斗就是为了共产主义,我们的信念理想就是要实现共产主义。在我们最困难的时期,共产主义的理想是我们的精神支柱,多少人牺牲就是为了实现这个理想。"②"党政机关、军队、企业、学校和全体人民中,都必须加强纪律教育和法律教育。"③他还指出:"合理的纪律同社会主义民主不但不是互相对立的,而且是相互保证的。"④

四有新人的培养要从小抓起。"我们要在青少年中大力提倡勤奋学习、遵守纪律、热爱劳动、助人为乐、艰苦奋斗、英勇对敌的革命风尚,把青少年培养成为忠于社会主义祖国、忠于无产阶级革命事业、忠于马克思列宁主义毛泽东思想的优秀人才,将来走上工作岗位,成为有很高的政治责任心和集体主义精神,有坚定的革命思想和实事求是、群众路线的工作作风,严守纪律专心致志地为人民积极工作的劳动者。"⑤

(四) 大力开展社会主义道德建设活动

1. 深化开展道德教育

道德教育对于提高人们的精神境界,调动劳动积极性,促进整个民族素质的不断提高,全面推进中国特色社会主义伟大事业具有十分重要的意义。思想政治道德建设决定着精神文明建设的性质和方向,是决定整个民族的思想和精神的支柱,是精神文明建设的根本。群众道德水平的提高,离不开教育和培养。因此,要在群众中进行深入持久的以为人民服务为核心,以集体主义为原则,以爱祖国、爱人民、爱劳动、爱科学、爱社会主

---

① 《邓小平文选》第3卷,人民出版社1994年版,第111页。
② 同上书,第137页。
③ 《邓小平文选》第2卷,人民出版社1994年版,第360页。
④ 同上书,第361页。
⑤ 同上书,第262页。

义为基本要求,以职业道德、社会公德、家庭美德的建设为落脚点的社会主义道德教育,引导人们在遵守基本行为准则的基础上追求更高的思想道德目标。

邓小平非常重视人们的思想道德素质的提高,并把它作为社会主义现代化能否取得胜利的关键。他要求全国人民尤其是党员、干部要提高自己的思想道德素质。他说:"我们一定要在全党和全国范围内有领导,有计划地大力提倡社会主义道德风尚,热爱社会主义祖国,提高民族自尊心,还要进行坚持社会主义道路,反对资本主义腐蚀的革命品质教育。"①"要教育全党同志发扬大公无私,服从大局,艰苦奋斗、廉洁奉公的精神,坚持共产主义思想和共产主义道德。"② 邓小平还强调指出社会主义道德教育要从小开始培养,要从青少年开始培养,使他们从小就养成良好的道德习惯,这是非常必要的。他说:"革命的理想,共产主义品德,要从小开始培养"③。通过道德教育帮助人们形成美好的道德情操和行为规范,形成良好的社会风气和秩序。

2. 积极营造有利于加强道德建设的舆论文化氛围

大力宣传反映社会主义道德要求的新生事物和先进典型,大力营造用高尚的思想道德和良好的道德情操教育人,凝聚人,激励人,塑造人的氛围。全国所有的宣传部门、新闻媒体、思想文化阵地和文化艺术作品,都要把大力弘扬社会主义精神文明和思想道德当做一件大事来抓。在党的领导下,各部门、行业、基层单位和工会、共青团、妇联等群众组织各尽其职,相互协调,形成合力,积极营造有利于加强道德建设的舆论文化氛围。邓小平指出:"我们衷心地希望,文艺界所有的同志,以及从事教育、新闻理论工作和其他意识形态工作的同志,都经常地、自觉地以大局为重,为提高人民和青年的社会主义觉悟奋斗不懈。"④

和谐的文化氛围离不开好的风气。邓小平教育我们"要树立好的风

---

① 《邓小平文选》第 2 卷,人民出版社 1994 年版,第 367 页。
② 同上书,第 105~106 页。
③ 同上书,第 256 页。
④ 同上书,第 54 页。

气。讲风气，无非是党风、军风、民风、学风，最重要的是党风。好的党风也要体现在教育中，这才能培养出好的学风。……要有爱劳动、守纪律、求进步等好风气、好习惯。教师有责任把这些好风气带动起来。教师要成为学生的朋友，与学生的家庭联系，互相配合，共同做好教育学生的工作"[1]。

（五）深入开展爱国主义、集体主义、社会主义教育

爱国主义、集体主义、社会主义教育是思想政治教育的主旋律。它集中体现着精神文明的性质和方向，是我国人民建设社会主义的巨大精神力量，是我国广大人民群众实现大团结的思想基础和政治基础。邓小平指出："对我们的国家要爱，要让我们的国家发达起来。""必须发扬爱国主义精神，提高民族自尊心和民族自信心。"[2] "中国人民有自己的民族自尊心和自豪感，以热爱祖国、贡献全部力量建设社会主义祖国为最大光荣，以损害社会主义祖国利益、尊严和荣誉为最大耻辱。"[3]

集体主义是共产主义道德的基本原则，邓小平继承和发扬了毛泽东关于集体主义的思想，他指出："我们从来主张，在社会主义社会中，国家、集体和个人的利益在根本上是一致的，如果有矛盾，个人的利益要服从国家和集体的利益。为了国家和集体的利益，为了人民大众的利益，一切有革命觉悟的先进分子必要时都应当牺牲自己的利益。我们要向全体人民，全体青少年努力宣传这种高尚的道德。"[4] 这是社会主义国家处理社会成员之间以及个人与集体、个人与国家之间关系的基本准则。

---

[1] 《邓小平文选》第3卷，人民出版社1994年版，第380~381页。
[2] 《邓小平文选》第2卷，人民出版社1994年版，第367页。
[3] 《邓小平文选》第3卷，人民出版社1994年版，第3页。
[4] 《邓小平文选》第2卷，人民出版社1994年版，第337页。

四、邓小平德治思想的现实意义

（一）对构建社会主义和谐社会的战略意义

加强邓小平"德治"思想教育，正确引导社会主义和谐社会的建设方向。用邓小平"德治"思想把全国各族人民的思想统一到党的十七大精神上来，把全国各族人民的行动引导到中央关于构建社会主义和谐社会的整体部署上来，坚持以社会主义核心价值体系引领社会思潮，尊重差异，包容多样，最大限度地形成构建社会主义和谐社会的思想共识。在改革开放和社会主义现代化建设的过程中，通过提高人民的道德水平，营造诚信友爱的人际关系，提高正确处理人民内部矛盾的能力，给予现代人深切的人文关怀，帮助人们解决思想困惑和烦恼，引导人们以积极的心态面对生活，从而为人与人之间的交流融合以及社会的和谐稳定创造良好的环境。同时，邓小平"德治"思想能提高人们的思想觉悟，激发其热忱，保证党的思想政治领导，保持社会主义和谐社会性质，把广大人民群众动员起来，形成全社会共同的理想信念，增强全社会的凝聚力，使广大群众积极投身于社会主义和谐社会的建设。

（二）对发展社会主义市场经济的重要意义

社会主义市场经济的发展迫切需要邓小平"德治"思想的正确引导。改革开放三十多年，我国经济建设和社会发展取得了巨大成就。社会主义市场经济使我国各项事业焕发出前所未有的生机和活力，充分调动了人们进行社会主义现代化建设的积极性和创造性，促进了经济的繁荣发展。但同时必须清醒地看到，在复杂的国内外环境中，民主法制建设和思想道德建设都面临着许多新的挑战和新的问题。随着经济的迅速发展，出现了极少数人以个人利益为中心，缺乏责任感和集体观念淡化的现象。为此，必须加强思想政治教育，为社会主义市场经济体制的完善发展提供政治保证。

（三）对建设小康社会、推进现代化建设的重要意义

"十二五"开局，我国进入了全面建设小康社会，加快推进社会主义现代化建设的新阶段，目标宏伟，任务艰巨。"小康社会"，发端于邓小平对实现四个现代化这一雄心壮志的现实思考。随着中国特色社会主义事业的发展，它的内涵和意义不断得到丰富和发展。党的十七大报告对全面建设小康社会提出了新的要求，具体包括经济又好又快发展、民主政治建设、文化大发展大繁荣、社会事业发展和建设生态文明。为此，应对社会主义的经济建设、政治建设、文化建设、社会建设以及其他各方面的工作全面部署，精心谋划，做到"四位一体"全面发展。我们提倡德治思想与社会主义荣辱观教育，弘扬民族文化，"建设和谐文化，培育文明风尚"，"坚持育人为本、德育为先"的教育方针，其目的是要形成与我国社会主义市场经济、民主政治、法治国家相适应的"社会主义核心价值体系"，为实现全面建设小康社会、加快社会主义现代化建设进程提供可靠的政治思想道德保证。

邓小平的德治思想有利于全社会充分认识和正确估量道德的社会作用，进一步增强全党和全国思想道德建设的自觉意识，有利于调整新时期的社会关系特别是利益关系，有利于进一步加强正确人生观、价值观、道德观的教育和塑造，有利于改善党风和社会风气，有利于全社会树立起良好的道德氛围。它是在改革开放和建设社会主义市场经济体制下对毛泽东德治思想的继承、丰富和发展，它适应新的时代要求和广大人民群众的迫切需要，丰富和发展了马克思主义德治思想，为全面建设小康社会，构建社会主义和谐社会的伟大实践奠定了坚实的理论基础。

第八章

江泽民德治思想与政治实践

江泽民德治思想是以江泽民为核心的党的第三代领导集体，在深刻总结国内外治国经验的基础上，将邓小平理论与中国现代化建设实践相结合，不断进行理论探索和理论创新的结晶。

一、江泽民德治思想是对中国传统德治思想的扬弃

在中国传统的儒家文化中，"德治"思想是其政治思想和伦理思想的核心内容。《大学》开篇就说："大学之道，在明明德，在亲民，在止于至善。"古时的政治家们十分重视儒家"修身、齐家、治国、平天下"的主张，把遵从伦理道德与政治统治融为一体，作为治政的根本。江泽民在为《中国传统道德》一书所作的题词中指出："弘扬中国古代优良道德传统和革命传统，吸取人类一切优秀道德成就，努力创建人类先进的精神文明。"江泽民提出的"以德治国"的思想，就是对中国古代儒家的"德治"思想的扬弃。当然，江泽民所说的"德治"与儒家的"德治"有着完全不同的内涵。江泽民用以治国的"德"是以马克思主义思想为指导的社会主义道德，而儒家文化所说的"德"则是以"三纲五常"为核心的封建道德。江泽民是在吸收儒家文化优良传统的基础上，将"德治"与"法治"有机地结合起来，开辟了治国思路的新境界。

首先，江泽民德治思想，扬弃了"为政以德"的思想，强调权力道德

建设，把"以德治国"和"依法治国"结合起来。

我国古代"为政以德"的治国思想，十分重视为政者个人的自身修养、道德品质，要求为政者必须是"有道德"的人。"为政以德"，即为政者要注重自身的道德修养，并以良好的道德去感化人民，规范人民。它是中国传统德治思想的核心。

孔子主张圣贤政治和道德治国。在孔子看来，修身乃一切之根本，乃治国安邦之基础。执政者只有严于律己，勤于止己，具有高尚之道德品质，才有治人之条件，《大学》说："修身而后家齐，家齐而后国治，国治而后天下平。""古之欲明明德于天下者，先治其国；欲治其国者，先齐其家；欲齐其家者，先修其身。""修身"是"齐家""治国"的基础和前提。

在《论语·为政》中有一段话集中表明儒家德治思想的基本内涵："为政以德，譬若北辰，居其所而众星共之。道之以政，齐之以刑，民免而无耻；道之以德，齐之以礼，有耻且格。"孔子认为，依靠德治是为政的基本方法，德刑并举而应以德为重，刑只是一种必要的补充手段；德治要抓住以德导民和以礼齐民两个方面，齐之以礼要用道之以德做基础，道之以德要以齐之以礼为目的。

可以看出，中国传统德治思想把道德建设的重点放在私德上，十分强调官员的个人道德修养和廉洁自律，注意榜样示范作用；在德与刑的关系上，主张德主刑辅。

江泽民批判地继承了中国传统德治思想的"为政以德"的传统，既强调官员个人道德建设，更重视权力道德建设。所谓权力道德是党员干部思想道德的主要内容，是指一定社会权力支配者行使权力过程中所表现出来的一种特殊的职业道德，它既表现了社会对领导干部运用权力所提出的道德规范，又反映着领导干部在权力行使过程中所应追求的价值目标、道德人格和精神境界。江泽民深刻地指出：治国必先治党，治党务必从严。把执政党自身的道德建设放在以德治国的重要位置上。对于如何加强执政党的建设，江泽民十分强调把"以德治国"和"依法治国"联系起来，在建立与发展社会主义市场经济相适应的社会主义法律体系的同时，努力建立与社会主义市场经济相适应、与社会主义法律体系相配套的社会主义思想道德体系，并使之成为全体人民普遍认同和自觉遵守的行为规范。

其次，江泽民德治思想扬弃了"民为邦本"的思想，突出了人民在治国中的主体地位。

儒家德治思想的另一重要内容，就是所谓"民为邦本"的思想。早在殷周时期，由于统治者的残酷剥削和专横统治，社会矛盾空前激化，平民暴动时有发生，统治集团中一些比较开明的政治家预感到社会的危机，从而怀疑"天命"，提出要尊重人民，统治才能长久的思想。《尚书·五子之歌》曰："民惟邦本，本固邦宁。"到春秋时期，天命神权的思想更加动摇，产生了重民爱民的思想。孔子认为，国家政治应该建立在诚信的伦理基础之上，如果政府对人民无信，人民也不信任政府，就不能立国。《论语·颜渊》："子贡问政，子曰：足食，足兵，民信之矣。""自古皆有死，民无信不立。"贾谊则是汉代民本思想的重要阐述者。他的《大政上》开宗明义就是："闻之于政也，民无不为本也。国以为本，君以为本，吏以为本。故国以民为安危，君以民为威侮，吏以民为贵贱。此之谓民无不为本也。"贾谊认为，"民"是一切的根本。国家的存亡，战争的胜负，祸福吉凶，都是由民心的向背所决定的。

但儒家的德治思想的本质，是一种"牧民"思想，是一种"治道之本"，目的是以"德政"和"德教"来笼络民心，特别是归化民心。在儒家德治思想中，君主是至高无上的，是德治的主体，而臣民则是其德治和德教的客体。这种德治思想的出发点是维护封建专制主义的君主统治。这里的"民"不是享有法律上的平等权利的公民，而是宗法家族本位下的"子民"；强调"民本"的要害是维护"君"之"为民做主"，是为了使"本固邦宁"，从而维护封建主义的君主统治，而臣民永远只能是君主统治下的臣民。

江泽民提出的德治思想与传统的儒家德治思想根本不同。它强调的主权在民，强调"国家的一切权利属于人民"，是建立在民主政治基础上的德治。江泽民德治思想的重要理论前提，不是抽象意义上的"民本"思想，而是马克思主义者和共产党人所独有的"为人民服务"思想。江泽民德治思想强调，人民才是治国的主体，才是以德治国的真正实践者。

二、"以德治国"和"依法治国"相结合是江泽民德治思想的战略基点

"以德治国"和"依法治国"相结合是江泽民德治思想的战略基点，是对邓小平的"两个文明"建设思想的继承和发展，也丰富了中国共产党的依法治国思想。

1996年党的十四届六中全会作出的《关于加强社会主义精神文明建设若干重要问题的决议》（以下简称《决议》），是以江泽民为核心的党的第三代领导集体加强精神文明建设的具有里程碑意义的重大决议。《决议》明确提出了思想道德建设的基本任务及社会主义道德建设的体系结构：一个核心，即为人民服务；一个原则，即集体主义；五个基本要求，即爱祖国、爱人民、爱劳动、爱科学、爱社会主义；三个道德领域，即社会公德领域、职业道德领域、家庭美德领域；以及社会主义道德建设的总的目的，即在全社会形成一种团结互助、平等友爱、共同前进的人际关系。这一体系结构的提出，是我们党总结我国道德建设的经验和教训，根据我国社会主义初级阶段实际情况和道德生活所出现的新问题，集中全党和全国人民的集体智慧，把理论与实践相结合的产物。这就从总的指导思想上确立了社会主义思想道德对于国家建设的根本性的作用，已经勾画出"以德治国"的蓝图。

1997年9月，江泽民在党的十五大报告中指出：依法治国，是党领导人民治理国家的基本方略，是发展社会主义市场经济的客观需要，是社会文明进步的标志，是国家长治久安的重要保障。并同时指出，建设有中国特色的社会主义，必须着力提高全民族的思想道德素质和科学文化素质，为经济发展和社会全面进步提供强大的精神动力和智力支持，培育适应社会主义现代化要求的一代又一代有理想、有道德、有文化、有纪律的公民。由此可见，在党的十五大报告中，已包含了法治与德治并重的治国

思想。

2000年6月，江泽民在中央思想政治工作会议上的讲话中指出："法律与道德作为上层建筑的组成部分，都是维护社会秩序、规范人们思想和行为的重要手段，它们互相联系、互相补充。法治以其权威性和强制手段规范社会成员的行为。德治以其说服力和劝导力提高社会成员的思想认识和道德觉悟。道德规范和法律规范应该互相结合，统一发挥作用。"在这里，江泽民首次明确使用了"德治"这一概念，标志着江泽民德治思想的基本形成。

2001年1月，在全国宣传部长会议上江泽民指出：我们在建设中国特色社会主义，发展社会主义市场经济的过程中，要坚持不懈地加强社会主义法治建设，依法治国，同时也要坚持不懈地加强社会主义道德建设，以德治国。对一个国家治理来说，法治和德治，从来都是相辅相成、相互促进的。二者缺一不可，也不可偏废。法治属于政治建设，属于政治文明；德治属于思想建设，属于精神文明。二者范畴不同，但其地位和功能都是非常重要的。我们应始终注意把法制建设与道德建设紧密结合起来，把依法治国和以德治国紧密结合起来。在这里，江泽民明确提出了法治与德治相结合的治国方略的完整构想，对法治与德治的含义、内容、范畴以及相互关系等进行了全面阐述。德治与法治并举的治国方略的提出，是对邓小平"两手抓""两手都要硬"思想的继承与发展，标志着江泽民德治思想的形成。

在党的十六大报告中，江泽民概括了十三年来我们党对什么是社会主义、怎样建设社会主义，建设什么样的党、怎样建设党的认识，总结了十条宝贵经验。其中之一，就是"坚持物质文明和精神文明两手抓，实行依法治国和以德治国相结合"。其后，又在"文化建设和文化体制改革"部分再次强调指出："依法治国和以德治国相辅相成。"不难看出，江泽民德治思想在"三个代表"重要思想中占有相当重要的分量。

江泽民提出建设有中国特色的社会主义必须坚持"依法治国"和"以德治国"并举，把"以德治国"提高到治国方略的高度。这一重要思想深刻总结了国内外治国经验，是对马克思主义国家学说的丰富和发展，是在

115

我国经济和社会步入新的发展阶段时提出的重要治国方略，是对马列主义、毛泽东思想、邓小平理论的重大发展。认真领会这一治国方略的深刻内涵，对于我们更加自觉地建设社会主义精神文明，特别是建立社会主义道德体系，大力提高全民族的道德素质，具有极其深远的历史意义。

三、"以德治党""以德治政"是江泽民德治思想的核心内涵

突出强调"以德治党""以德治政"，这是江泽民德治思想的核心内涵。江泽民在中央纪委第四次全体会议上的讲话中指出："党的性质、党在国家和社会生活中所处的地位、党肩负的历史使命，要求我们治国必先治党，治党务必从严。治党始终坚强有力，治国必会正确有效。"中国共产党是执政党，在"治国"中处于领导地位。党的各级领导干部和广大公务员依据人民的授权，代表人民"治国"，在"以德治国"的过程中具有关键性作用。实施"以德治国"，必须突出强调"以德治党""以德治政"。

针对在改革开放和发展社会主义市场经济条件下，党的领导干部中出现的一些违背从政道德的问题，江泽民指出，"领导干部一定要讲学习、讲政治、讲正气"，"对领导干部来说，打牢思想政治基础、筑严思想政治防线，最根本的就是要牢固树立马克思主义的世界观、人生观、价值观，牢固树立正确的权力观、地位观、利益观"[1]。他反复强调："树立正确的权力观，最根本的是要解决好始终保持党同人民群众的血肉联系的问题。"加强从政道德修养必须坚持立党为公、执政为民。从党的十三届四中全会以来的伟大实践到江泽民提出的"三个代表"重要思想，更是深刻地揭示了从政道德观的核心内涵，是我们党的从政道德逐步走向文化自觉境界的集中体现。

---

[1] 《江泽民文选》第3卷，人民出版社2006年版，第419页。

治国必先治党，治党务必重德。党的十五届六中全会通过的《关于加强和改进党风建设的决定》，明确提出了党的作风建设的指导思想、总体要求、核心问题、主要任务和落实措施。尤其是关于坚持解放思想、实事求是，反对因循守旧、不思进取；坚持理论联系实际，反对照抄照搬、本本主义；坚持密切联系群众，反对形式主义、官僚主义；坚持民主集中制原则，反对独断专行、软弱涣散；坚持党的纪律，反对自由主义；坚持清正廉洁，反对以权谋私；坚持艰苦奋斗，反对享乐主义；坚持任人唯贤，反对用人上的不正之风的"八个坚持和八个反对"的主要任务，对于从道德方面加强党的建设指出了具体明确的要求。把治党务必重德作为建党的一种重要方法，这是江泽民德治思想的重要组成部分。江泽民说："一定要注重对干部思想政治素质包括道德品质的考察，不要只重才而轻德①。"要培养干部的道德情感、道德意志、道德行为、道德信念和道德理想，使他们牢记我们党的宗旨和光荣传统，真正做到像江泽民所说的那样："堂堂正正地做人，老老实实地工作，终生全心全意为人民服务。"

实施"以德治国"，就必须坚持"以德治政"，加强国家行政领导干部的道德建设，加强行政伦理建设。领导干部的从政道德建设是一个系统工程。从他律性角度分析，要加强从政道德的监督机制建设。江泽民在中央纪委第四次全体会议上的讲话中强调："对领导干部一定要严格监督。"加大监督力度，特别要加强主动监督，把监督的关口往前移，加强事前防范。努力做到干部的权力行使到哪里，相应的监督就实行到哪里。从自律性角度分析，要加强从政道德的养成机制建设，就是要加强从政道德的教育与修养。江泽民在中央纪委第七次全体会议上的讲话中指出："干部队伍建设的基础是教育。无论是提高干部队伍素质，还是防止和纠正用人上的不正之风、防范腐败问题，都要坚持教育在先。标本兼治，教育是基础。对干部的教育，应该包括理想信念教育、思想政治教育、纪律作风教育、道德法制教育、科学文化教育等各方面。只有通过全面的经常的教育，真正打牢思想政治基础、筑严思想政治防线，干部队伍建设才能越搞

---

① 《从严治党十讲》，红旗出版社2000年版，第13页。

越好。"从政道德养成的重点是加强道德修养,加强从政道德修养必须坚持立党为公、执政为民;加强从政道德修养必须破除"官本位"意识,肃清封建主义残余思想。江泽民在《党的作风是党的形象》中指出:"各级领导干部必须明白,我们是共产党人,要立志做大事,不要立志当大官,千万要防止把升官发财作为自己的人生目的。"江泽民还反复强调:"各级领导同志更应该自重、自省、自警、自励,在各方面以身作则,树立好的榜样。"① 要求各级领导干部能自觉地将行政理想、行政态度、行政义务、行政责任、行政纪律、行政技能、行政荣誉、行政作风等融为一体,将行政他律和自律有机结合起来。在领导干部中开展的"三讲"教育等活动就是自律与他律的生动结合。

江泽民多次指出,"人格的力量很重要",发展着的新时代要求各级领导干部要"努力把真理的力量和人格的力量统一起来"。这应该是每一位国家公务人员、特别是领导干部道德修养的目标。1993年9月,江泽民为国家行政学院题词"永做人民公仆",这是我们党行政伦理观的高度概括。江泽民不仅提出"永做人民公仆"的思想,而且他本人首先身体力行这一思想。在九届人大一次会议的闭幕式上,江泽民就以新一任国家主席的身份,坦诚地向全国人民表达了一位"公仆"的价值追求:"时代的召唤,人民的重托,使我深感肩负的使命和责任崇高而重大。我将忠实地遵守宪法,恪尽职守,竭诚为祖国为人民服务。"

四、"以德育人"是江泽民德治思想的价值目标

以德育人,促进人的全面发展,这是江泽民德治思想的价值目标。在我们这样的社会主义国家里,人民是"治国"的主体。要充分发挥人民"以德治国"的主体性,必须坚持不懈地提高人民的"治国"能力,其中包括不断提高全民族的思想道德素质和参与公共行政的伦理水平。努力提

---

① 《毛泽东邓小平江泽民论世界观人生观价值观》,人民出版社1997年版,第544页。

高全民族的思想道德素质，是促进人的全面发展的重要方面。江泽民在庆祝中国共产党成立80周年大会上的讲话中指出："要努力提高全民族的思想道德素质和科学文化素质，实现人们思想和精神生活的全面发展。"推进人的全面发展，同推进经济、文化的发展和改善人民物质文化生活，是互为前提和基础的。人越全面发展，社会的物质文化财富就会创造得越多，人民的生活就越能得到改善，而物质文化条件越充分，又越能推进人的全面发展。社会生产力和经济文化的发展水平是逐步提高、永无止境的历史过程，人的全面发展程度也是逐步提高、永无止境的历史过程。这两个历史过程应相互结合、相互促进地向前发展。

关于如何以德育人，在党的十四大报告中，江泽民就强调，精神文明重在建设。江泽民在1994年1月的全国宣传思想工作会议上提出了宣传思想工作的思路——"四以"方式，即以科学的理论武装人，以正确的舆论引导人，以高尚的精神塑造人，以优秀的作品鼓舞人的方式，培养"四有"新人。在1996年10月党的十四届六中全会上，江泽民提出了社会主义道德建设要以为人民服务为核心，以集体主义为原则，以爱祖国、爱人民、爱劳动、爱科学、爱社会主义为基本要求，以社会公德、职业道德、家庭美德为落脚点的总体构想。在党的十五大报告中，江泽民再次指出，建设有中国特色社会主义，必须着力提高全民族的思想道德素质，培育适应社会主义现代化要求的一代又一代有理想、有道德、有文化、有纪律的公民。在2001年1月全国宣传部长会议上，江泽民在提出"以德治国"战略决策的同时提出了要弘扬"五种精神"，即解放思想、实事求是的精神，紧跟时代、勇于创新的精神，知难而进、一往无前的精神，艰苦奋斗、务求实效的精神，淡泊名利、无私奉献的精神。在"以德治国"战略决策提出八个月之后，即2001年9月，中共中央颁发了《公民道德建设实施纲要》。《公民道德建设实施纲要》的制定，特别是公民道德建设工程的实施，都是在江泽民的指导下进行的。《公民道德建设实施纲要》进一步提出，要努力提高公民道德素质，促进人的全面发展，培养一代又一代有理想、有道德、有文化、有纪律的社会主义公民。这就突出了道德建设在促进人的全面发展中的地位和作用，明确了以德治国的最终目的是促进人的全面发展。实现以德治国的价值目标，意味着实现人们思想和精神生活的全面发展，意味着人的全面发展将成为德治方略是否可行的终极目标和评价标准。人的全面发展，是人类社会的最高境界，也是以德治国要着力追求的理想境界。

在党的十六大报告中，江泽民再次明确"依法治国和以德治国相辅相成，要建立与社会主义市场经济相适应、与社会主义法律规范相协调、与中华民族传统美德相承接的社会主义思想道德体系。"对于如何进行道德建设，江泽民提出要加强"三德"——社会公德、职业道德、家庭美德教育，"三义"——爱国主义、集体主义、社会主义教育，"三观"——世界观、人生观、价值观教育，要"四种手段"并行，即教育、法律、行政、舆论等手段的综合运用。

江泽民德治思想不仅有着丰富而深刻的内涵，而且有着重要的现实价值。社会的全面进步，人的全面发展，人的精神素质的全面提升，这一目标的实现，主要依靠人的自我约束、自我调节和自我发展，这正是实行德治的基础。所以说，德治是全面建设小康社会的必经途径，人的思想道德素质的提高为和谐社会的构建奠定了坚实的思想基础。

第九章

胡锦涛德治思想与政治实践

胡锦涛德治思想与政治实践，既是中国传统德治思想的现代化，又是中国共产党德治思想的具体化，体现了继承与创新、深化与发展的与时俱进品格和求真务实精神。我们应围绕党的第四代领导集体在中国特色社会主义的伟大实践中形成的思想、理论、战略并以此为依托，探索其中蕴涵的德治思想与政治实践。

一、胡锦涛德治思想是对古今中外德治思想的借鉴与创新

"德治"既是一种理念，也是一种方略。古今中外的统治者、思想家、教育家们在国家治理、社会管理的实践中从来没有停止过对"道德"的诉求，形成了许多德治思想与实践经验。中国古代德治思想主要围绕两个层面来展开：首先要求统治者"为政以德"，以道德作为政治的根本纲领；同时强调统治者的道德行为对普通百姓的教育和感化作用，"政者，正也。子帅以正，孰敢不正？"前者强调"修己"，后者强调"治人"。以"修己"为核心和前提，"修己"与"治人"相结合，"内省"与"示范"相结合，奠定了中国传统德治思想文化的基调。而西方德治思想主要围绕国家、社会与个人的关系来展开，挖掘政治的道德内涵，以公共利益为施政原则，强调"正义"和"美德""权利"与"义务"，主张将基于正义原

则的"良法之治"与和政体相匹配的公民道德教育相结合，从政治道德、社会道德、公民道德等多维度探索"德治"思想与实践。古往今来，不同的社会、不同的阶级有不同的道德标准，不同的道德内涵自然有不同的价值指向与价值定位，但是，不同的社会、不同的统治阶级都强化道德建设，重视道德力量在国家治理、社会管理中的作用，这一点无疑是相通的。

中国共产党以辩证的思维和发展的眼光，对古今中外德治思想进行批判地继承与借鉴，积极探索德治的时代价值与内涵。2001年由中共中央宣传部编辑的《毛泽东邓小平江泽民论社会主义道德建设》一书出版发行，系统阐述了党的三代领导核心关于社会主义道德建设的重要思想。从中我们可以看到，中国共产党一直以来非常重视道德在治党、治军、治政、治国中的重要地位和作用。从以毛泽东为核心的老一辈革命家开始已经认识到道德建设的重要意义，《为人民服务》《纪念白求恩》《论共产党员的修养》，都充分肯定了道德育人、治世的作用。改革开放之后，以邓小平为核心的第二代领导集体又把"德治"上升到治国方略的高度，把在建设物质文明的同时建设高度的精神文明，作为党的一个建设社会主义的战略方针，并指出是否坚持这样的方针，关系到社会主义的兴衰和成败。新世纪伊始，以江泽民为核心的第三代领导集体明确提出"以德治国"的思想，并把"三大文明"一起确立为社会主义社会全面发展的三大基本目标。三大文明协调发展的新理念，体现了党对"共产党执政规律、社会主义建设规律、人类社会发展规律"认识的进一步深化，具有重大的现实意义和深远的历史意义。

当今，以胡锦涛为核心的第四代领导集体深化和发展了党的德治思想，体现了党的治国之道的与时俱进与探索创新。概括起来，胡锦涛的德治思想既有针对当前道德建设明确而具体的社会主义荣辱观，又有与十六大以来党关于中国特色社会主义理论体系交融渗透的道德观念。具体来讲，德治体现为道德、文化建设的方方面面。从层次性的角度来讲，包括体现先进性的官德和体现广泛性的民德；从系统性的角度来讲，包括涉及经济、政治、文化以及社会生活各个领域的社会公德、职业道德、家庭美德。我们主要以党的第四代领导集体在中国特色社会主义的伟大实践中形成的思想、理论、战略为构架,探索其中蕴涵的德治思想与实践。

二、以人为本的科学发展观是胡锦涛德治思想的价值理念

十六届三中全会党中央首次明确提出关于科学发展观的概念。胡锦涛总书记对科学发展观的实质内涵作了明确的阐述。2007年6月25日,胡锦涛在中央党校省部级干部进修班发表重要讲话,指出:"党的十六大以来,党中央继承和发展党的三代中央领导集体关于发展的重要思想,提出了科学发展观。科学发展观,第一要义是发展,核心是以人为本,基本要求是全面协调可持续,根本方法是统筹兼顾。"胡锦涛总书记在十七大报告中系统阐述了科学发展观的科学内涵和精神实质。党中央在领导中国特色社会主义事业的伟大实践中,深刻把握当今时代主题,形成了科学发展观,不仅深化和发展了党的中国特色社会主义理论体系,而且蕴涵着丰富的德治理念。

发展是科学发展观的第一要义,这一思想继承了邓小平"发展是硬道理"和江泽民"发展是党执政兴国的第一要务"的思想,坚持了以经济建设为中心的发展思路,体现了德治的马克思主义立场和观点。道德作为一种社会意识形态、作为人类精神生活的一种方式,来源于特定社会生活现实,其产生和发展归根到底是由社会存在和发展的物质基础决定的。科学发展观坚持了马克思主义的辩证唯物主义和历史唯物主义的基本观点,从生产力与生产关系、经济基础和上层建筑的辩证关系原理出发,阐述了德治思想的本源问题。发展生产力、发展经济既是德治的物质基础,又是德治的基本诉求。社会物质生活的变化和发展,对旧的道德观念、心理和习惯造成了冲击,同时又促成新的道德关系和道德观念的产生。2003年9月20日我国第一个"公民道德宣传日",《北京青年报》特别制作专版,试图探讨在新时代、新形势下,我们需要什么样的"新德"。随着社会变革

产生的各种"新德"中，八种"新德"更被百姓关注，更具代表性，即危德（危机道德）、官德（从政道德）、商德（从商道德）、网德（网络道德）、绿德（环境道德）、居德（社区道德）、车德（驾车道德）、衣德（着装道德）。其实，中国古代就有"仓廪实，而知礼节；衣食足，则知荣辱"的朴素唯物主义伦理观。自中国共产党诞生以来，对发展生产力作为道德建设的决定性作用也有着越来越深刻的认识，其中物质文明是精神文明的基础、"三个有利于"标准、"三个代表"重要思想以及以人为本的科学发展观都在强调发展先进生产力，是发展先进文化、实现最广大人民群众根本利益和人的全面发展的基础条件。

　　以人为本是科学发展观的核心，这一点体现了社会主义的优越性和本质特征，规定了发展的价值取向和最终归宿。从德治的角度看，它包括以下要义：一是坚持人民的主体地位，这是以人为本思想的基础。科学发展观坚持唯物史观，把人民群众作为创造历史的主体，作为建设中国特色社会主义事业的主体，人民群众在继续推进富强、民主、文明、和谐的社会主义现代化建设中发挥着无穷的积极性、主动性和创造性。科学发展观坚持人民主体地位的思想也回答了具体社会生活中公民的道德主体地位问题，这将有效地激发公民投身社会公共生活、履行道德义务的巨大潜能。二是要让发展的成果惠及全体人民，这是以人为本思想的内在要求。人民不仅是创造历史的主体，还是创造价值的主体，由人民推动的经济社会的发展最终是为了满足人民日益增长的物质和文化生活需要，发展依靠人民，发展成果也应当由人民共享，这就需要不断实现好、维护好、发展好最广大人民的根本利益，正确处理好多样而复杂的社会利益关系。三是关注人的全面发展，这是以人为本的深层含义。以人为本是追求人的全面而自由的发展而不是片面而局限的发展，关注人的生存和发展权利，尊重人的权利和自由，保障各项人权的落实，重视人的生活质量、发展潜能和幸福指数。胡锦涛总书记对人民大众利益的倾斜和关怀，对弱势群体的关注，积极倡导仁爱与和谐，恰恰体现了一种亲民爱民的终极道德情怀。

　　全面协调可持续发展是科学发展观的基本要求，这既是人们对经济社会发展的客观规律认识的深化，又是人们对道德建设重要性认识的深化。

马克思主义道德观认为,社会物质生活条件对道德具有制约作用,同时道德对社会物质生活中各种关系和行为的协调与选择也有反作用。道德具有引导、协调和制约功能,通过激发社会成员的积极性、主动性和创造性,为社会发展提供精神动力、目标指向和秩序规范。全面协调可持续的发展,既需要对社会发展进行科学的战略部署,又需要道德、法律的引导与规范。因此,全面协调可持续发展本身就是德治的内在要求和重要任务。

统筹兼顾是实现科学发展的正确方法,这是科学发展观在实践层面的具体要求。社会是一个关系错综复杂的系统,其发展依赖于各种关系的协调互动、统筹兼顾。这要求我们要正确认识和妥善处理中国特色社会主义事业中各种重大关系和各方面的利益关系,既要调整人与人、人与社会、人与自然的关系,又要调整社会各领域、各部门、各集团、各群体以及个人与集体、社会之间的利益关系。德治通过发挥道德的引导和规范作用,唤醒人们的道德觉悟,提高人们的道德素质,使人们能够自觉维护个人与社会的整体权益,协调各种关系,做出理性选择。

以人为本的科学发展观是胡锦涛德治思想的哲学基点,从道德与社会的深层次阐释了胡锦涛德治思想的价值理念。

三、求真务实是胡锦涛德治思想与实践的精神实质

胡锦涛在中央纪委第三次全会上号召全党大力弘扬求真务实精神、大兴求真务实之风,强调求真务实是马克思主义一以贯之的科学精神,是我们党的思想路线的核心内容,也是党的优良传统和共产党人应该具备的政治品格。正如胡锦涛所指出的:我们党八十多年的历程充分说明,求真务实是党的活力之所在,也是党和人民事业兴旺发达的关键之所在。在中国革命和建设的不同历史时期,党的领导人根据不同实践环境和具体任务,针对在贯彻党的思想路线中存在的突出问题,分别强调实事求是、解放思想、与时俱进、求真务实等具有不同侧重点的要求,强调这些要求的目的和归宿都是为了"求真"和"务实"。这既反映了党的思想路线的实质的

一脉相承性，又体现了结合实践发展在具体表现方面的时代特征。从德治的高度理解求真务实，具有十分重要的理论意义和实践意义。

"求真"体现了马克思主义认识世界的科学品格。世界观是人们对世界总的看法和根本观点。世界观支配和指导人生观、价值观。一个人如果没有从世界观上解决唯物而辩证地、客观而全面地看待事物，就很难确立自己正确的人生观和价值观。当然，人生观、价值观也会反过来制约、影响世界观。一个人如果能坚持全心全意为人民服务的人生观，那么他也就能更好地理解和接受唯物论和辩证法的世界观，努力克服主观性和片面性毛病，做到实事求是，按客观规律办事。所谓"求真"，从认识世界的角度来看，即为"求是"，认识事物的本质，把握事物的规律。"求真"关键是要引导全党同志不断求我国社会主义初级阶段基本国情之真，求社会主义建设规律和人类社会发展规律之真，求人民群众的历史地位和作用之真，求共产党执政规律之真。这体现了马克思主义世界观的精神实质。马克思主义世界观是迄今为止人类历史上最科学、最先进的世界观。构成这一世界观体系大厦的是辩证唯物主义和历史唯物主义。辩证唯物主义和历史唯物主义世界观要求我们全面地、历史地、发展地看问题，探索事物变化发展的客观规律，要求我们尊重人民群众的历史地位和作用，维护广大人民的根本利益。马克思主义世界观通过揭示世界的发展变化规律，指明社会历史和人的发展方向，指引人生目的、人生道路以及人生价值的正确选择。共产党人在马克思主义世界观的指导下，坚持以辩证唯物主义和历史唯物主义的立场、观点和方法看待人生，把最广大人民的根本利益视为最高利益，把为社会进步、为人民利益作出最大贡献作为人生追求的目标，通过全心全意为人民服务来实现人生价值。世界观、人生观、价值观又是道德行为的思想基础。胡锦涛指出："现在，有些党员干部思想空虚，意志衰退，抵御不住拜金主义、享乐主义、极端个人主义的诱惑；有些地方和部门存在严重的形式主义、官僚主义作风和弄虚作假、铺张浪费行为以及各种消极腐败现象。产生这些问题的原因很多，但从根本上说是一些干部放松了主观世界的改造。"他又进一步指出："领导干部不树立正确的世界观、人生观、价值观，不解决好权力关、地位关、利益关问题，就不可能领导好改造客观世界的工作。"因此,认识世界是改造世界的前提和基础。要切实加强思想教育,使广大党员干部树立正确的世界观、人生观和价值观,在此基础上进一步提高坚持"一个宗旨"、牢记"两个务必"和实践"三个代表"的自觉性。

"务实"体现了马克思主义改造世界的实践品格。实践的观点是马克思主义认识论首要的基本观点。马克思曾指出:"哲学家们只是用不同的方式解释世界,而问题在于改变世界。"毛泽东也说:"马克思主义的哲学认为十分重要的问题,不在于懂得了客观世界的规律性,因而能够解释世界,而在于拿了这种对于客观规律性的认识去能动地改造世界。"人们认识世界,最终要落实到改造世界的行动上。共产党人寓认识世界于改造世界之中,以改造世界的实际效果作为检验认识世界的客观标准。在新时期,检验党的理论成果的社会实践,就是加快推进改革开放和建设中国特色社会主义伟大实践。所谓"务实",即在规律性认识的指导下脚踏实地去实践,办实事、讲实效。"务实"关键是要引导全党同志不断务坚持长期艰苦奋斗之实,务抓好发展这个党执政兴国的第一要务之实,务发展最广大人民根本利益之实,务全面加强和改进党的建设之实。党员干部应该着眼于我们正在做的事情,着眼于新的实践和新的发展,在完成党的历史使命的实践中培养和完善求真务实的政治品格。要切实把实现好、维护好、发展好人民群众的利益摆在工作的第一位,深入群众、深入实践,调查研究,坚决克服教条主义、官僚主义和形式主义,努力体察民情,了解民意,集中民智,珍惜民力,不提脱离实际的高指标、不喊哗众取宠的空口号、不搞劳民伤财的"形象工程""政绩工程",坚持重实际、讲实话、出实招、办实事、求实效。

求真务实坚持"求真"与"务实"的辩证统一,体现了胡锦涛德治思想与实践的精神实质,既是马克思主义科学世界观和方法论的重要体现,又是对中国共产党人尤其是为官从政者的道德要求。坚持求真务实,就要以"坚持全心全意为人民服务,摆正同人民群众的关系"为根本准则,以"正确认识国情,按照国情制定路线方针政策和开展工作"为根本依据,以"认识规律、把握规律、遵循和运用规律"为根本要求,在建设中国特色社会主义伟大进程中铸造共产党人求真务实的精神品质。

四、社会主义核心价值体系是胡锦涛德治思想的核心内容

党的十六届六中全会首次提出建设社会主义核心价值体系的重大战略任务,胡锦涛在中央党校省部级干部进修班的重要讲话中又进一步强调,要大力建设社会主义核心价值体系,巩固全党全国人民的共同思想基础。社会主义核心价值体系是社会主义建设的思想基石和精神依托,渗透并作用于经济、政治、文化和社会生活的各个方面,反映并影响着每个社会成员的世界观、人生观和价值观。建设社会主义核心价值体系,是党在思想文化建设上的一个重大理论创新。改革开放以来,在加强思想道德建设的过程中,我们党先后提出了加强社会主义精神文明建设、发展社会主义先进文化、坚持依法治国与以德治国相结合、建设社会主义思想道德体系等一系列重要任务和举措,这与建设社会主义核心价值体系是一致的。要把建设社会主义核心价值体系融入以德治国的全过程,贯穿中国特色社会主义建设的各个方面,体现在和谐社会和文化建设的实际工作中。

党的十六届六中全会通过的《中共中央关于构建社会主义和谐社会若干重大问题的决定》指出:"建设社会主义核心价值体系,形成全民族奋发向上的精神力量和团结和睦的精神纽带。马克思主义指导思想,中国特色社会主义共同理想,以爱国主义为核心的民族精神和以改革创新为核心的时代精神,社会主义荣辱观,构成社会主义核心价值体系的基本内容。"

马克思主义指导思想,是社会主义核心价值体系的灵魂。马克思主义是我们认识世界和改造世界的强大思想武器,为我们提供了科学的世界观和方法论。我们是社会主义国家,马克思主义是我们立党立国的根本指导思想,是社会主义意识形态最鲜明的旗帜,决定着社会主义核心价值体系的性质和方向。在中国革命、建设和改革的具体实践中,中国共产党把马克思主义基本原理与中国实际相结合,形成了一系列马克思主义中国化的

理论成果，生动而具体地坚持和发展了马克思主义。

中国特色社会主义共同理想，是社会主义核心价值体系的主题。胡锦涛指出："理想信念，是一个政党治国理政的旗帜，是一个民族奋力前行的向导。"这一共同理想，就是在中国共产党的领导下，坚持中国特色社会主义道路，走向富强民主文明和谐，实现中华民族的伟大复兴。回顾近代以来一百多年的历史，实现中华民族的伟大复兴是中华儿女世世代代的梦想和追求。新中国成立后，我们党在领导人民建设社会主义的过程中，找到了建设中国特色社会主义的正确道路，为中华民族伟大复兴展现了新的前景，经济社会发展取得了举世瞩目的伟大成就，更加坚定了全国各族人民实现共同理想的信念。

民族精神和时代精神，是社会主义核心价值体系的精髓。民族精神和时代精神是一个民族赖以生存和发展的精神支撑。在五千多年的发展中，中华民族形成了以爱国主义为核心的团结统一、爱好和平、勤劳勇敢、自强不息的伟大民族精神；在改革开放新时期，中华民族与时俱进地形成了以改革创新为核心的时代精神。民族精神和时代精神相辅相成、渗透交融，已深深熔铸在中华民族的生命力、创造力和凝聚力之中，共同构成中华民族自立自强的精神品格，成为推动中华民族伟大复兴的精神动力。

社会主义荣辱观，是社会主义核心价值体系的基础。荣辱观不仅是一个民族思想道德的基点，也是一个国家精神文化的基石。2006年3月4日，胡锦涛在政协民盟民进联组会上关于树立社会主义荣辱观的讲话时提出了"八个为荣、八个为耻"的具体要求，以"八荣八耻"为主要内容的社会主义荣辱观作为社会主义核心价值体系的重要组成部分，贯穿经济、政治、文化和社会生活各个领域，涉及个人、集体与国家各个利益主体之间的关系，涵盖世界观、人生观、价值观的重要内容，规定官德与民德、家庭美德、职业道德与社会公德相互促进、相互交融，为包括党员干部在内的全体社会成员在社会主义市场经济条件下判断行为得失、作出道德选择、确定价值取向，提供了基本的价值准则和行为规范。胡锦涛提出"八荣八耻"的社会主义荣辱观，既是传统德治思想的现代发展，又是以德治国方略的具体展开，揭示了社会主义基本道德规范的本质要求，澄清了社会生活中存在的模糊价值观念，确立了社会主义价值观的鲜明导向，体现了中华民族优良传统美德与时代精神的有机统一，为促进良好社会风气的形成和发展指明了方向。

社会主义核心价值体系继承了我国传统文化中的积极因素，并吸收、借鉴国外在价值体系建设上的有益成果，结合社会变革和利益关系调整给人们思想观念带来的影响，了解现阶段社会成员的思想观念、价值取向、道德追求和心理素质状况，掌握不同阶层、不同群体的不同思想追求和价值追求，明确系统地概括了胡锦涛德治思想的核心内容，为加强社会主义思想道德建设、构建社会主义和谐社会提供了强大思想武器，具有重大的理论价值和实践意义。

五、构建社会主义和谐社会是胡锦涛德治思想的目标模式

党的十六大提出全面建设小康社会，使社会更加和谐。党的十六届四中全会正式提出构建社会主义和谐社会的目标，同时胡锦涛强调构建社会主义和谐社会是中国共产党从全面建设小康社会、开创中国特色社会主义事业新局面出发而提出的一项重要任务。党的十六届六中全会进一步对建设社会主义和谐社会做了全面部署，构建和谐社会已经成为摆在全党、全国人民面前的一项重要任务。胡锦涛总书记对和谐社会的基本内涵进行了精辟的阐述：

民主法治，就是社会主义民主得到充分发扬，依法治国基本方略得到切实落实，各方面积极因素得到广泛调动。

公平正义，就是社会各方面的利益关系得到妥善协调，人民内部矛盾和其他社会矛盾得到正确处理，社会公平和正义得到切实维护和实现。

诚信友爱，就是全社会互帮互助、诚实守信，全体人民平等友爱、融洽相处。

充满活力，就是能够使一切有利于社会进步的创造愿望得到尊重，创

造活动得到支持，创造才能得到发挥，创造成果得到肯定。

安定有序，就是社会组织机制健全，社会管理完善，社会秩序良好，人民群众安居乐业，社会保持安定团结。

人与自然和谐相处，就是生产发展，生活富裕，生态良好。

概括起来，我们构建的社会主义和谐社会是一个在社会主义条件下充满创造活力、经济稳步发展、利益协调、生态良好、社会成员和睦相处的稳定有序的社会。和谐社会包括人自身的和谐、人与社会之间的和谐、人与自然之间的和谐。胡锦涛关于构建社会主义和谐社会的重要讲话，既阐释了社会主义和谐社会的科学内涵和总体特征，又指明了我们构建社会主义和谐社会的总体要求。

和谐是与矛盾相对相生的概念，构建和谐社会是应对中国在发展过程中形成的各种矛盾的科学理念。社会主义和谐社会是中国特色社会主义的本质属性和目标模式。"社会和谐"是一个系统概念，这要求社会大系统的各要素共生、互依，其相互关系协调、有序，其功能不断优化、完善。和谐社会既包括经济、政治、文化与社会的协调发展，也包括人自身的和谐发展、人与社会之间的和谐互动、人与自然之间的和谐共生。构建社会主义和谐社会，要明确以"以人为本"为价值取向，以"和谐"为核心理念，以"创新"为思维方式，全方位促成一种协调、有序的社会发展态势。

党的十六届六中全会对构建社会主义和谐社会提出了"九大目标和任务""五大部署"和"六大原则"，内容全面而深刻，措施严谨而周密。这次会议关于构建社会主义和谐社会的全面解读和整体部署，其主要意义在于把关于和谐社会的理念，变成一种制度，提高到管理水平上；融为一种文化，上升到精神层面上；作为一种战略，提升到发展的高度上，贯穿于中国特色社会主义事业长期发展过程中，并首次与中国共产党的共产主义终极理想目标相联系，也是全面建设小康社会的重大现实课题。此后，中国将按照民主法治、公平正义、诚信友爱、充满活力、安定有序、人与自然和谐相处的总要求，以解决人民群众最关心、最直接、最现实的利益问题为重点，展开构建社会主义和谐社会的伟大实践。

和谐的社会是我们每个人的福祉,也要靠我们每个人去营造。这首先要求中国共产党发挥领导核心作用,保持先进性,以"为民、务实、清廉"的官德要求自己,加强理论学习,修炼道德修养,身体力行、以身作则,为其他社会成员树立"倡和谐、促和谐"的榜样。同时,党和国家行政机构应尽力在制度、政策、经济保障、社会管理等方面以公平、正义为理念,遵守从政道德,为民主政治的实现、为经济又好又快的发展、为文化的大发展大繁荣、为民生的改善和社会的和谐作出努力。公民作为社会和国家的一分子,既是权利主体,也是责任和义务主体,要有作为构建和谐社会的主体自觉意识。这种意识本身就是一种道德意识,也是对公民的道德要求。而后,要求每个公民培养社会建设者所应具有的素质和能力,以社会主体的积极态度参与社会生活,协调好各种社会关系,实现自我的和谐、人与人的和谐以及人与自然的和谐。具体来说,公民在社会活动中应以相应的道德规范为行为准则,遵守社会公德、职业道德、家庭美德以及环境道德,形成和谐的人际关系,营造和谐的社会氛围,维护和谐的生态环境。

构建社会主义和谐社会既是胡锦涛德治思想的内在要求,又是胡锦涛德治思想的实践目标,集中体现了胡锦涛德治思想与实践的理想模式。

德治是一种理念,是一种价值,更是一种治国之道。胡锦涛的德治思想与实践从价值理念、精神实质、核心内容与目标模式等不同层面与不同角度系统、深入地探索并阐述了道德在治国、治党、治政、治民等方面的重要价值与深远意义,为当前我国经济社会发展指明前进方向,提供强大精神动力。

六、胡锦涛德治思想体现的价值原则、认识原则和实践原则

原则是思想的向导。以胡锦涛为总书记的党中央从新世纪新阶段的实际需要出发,根据道德建设面临的形势和任务,针对德治思想体系的构建

提出了一系列富有创造性的认识与实践原则。

（一）以人为本的价值原则

以人为本既是胡锦涛德治思想所包含的核心价值，又是其德治思想所体现的根本原则。胡锦涛在十七大报告中指出："加强和改进思想政治工作，注重人文关怀和心理疏导，用正确方式处理人际关系。"这一新提法与科学发展观的核心与社会主义和谐社会的本质一脉相承，彰显了党中央的人本情怀。胡锦涛还进一步强调："思想政治工作说到底是做人的工作，必须坚持以人为本。既要坚持教育人、引导人、鼓舞人、鞭策人，又要做到尊重人、理解人、关心人、帮助人。"德治具体体现为"以德治国""以德治世""以德治政""以德治民"，不论哪个层次的德治都是以人为主体的实践活动。既然人作为主体，就要充分调动人的积极性、主动性和创造性，培养人的主体意识和道德人格。国家和社会在思想上和行动上要弱化"强制、灌输"色彩，强化"服务"意识，促进平等地沟通与交流。

（二）求真务实的认识原则

德治思想与实践的研究和探索必须坚持正确的认识路线。胡锦涛根据新形势下我们党所面临的新任务以及党建方面存在的问题提出了"大力弘扬求真务实精神，大兴求真务实之风"，实现了马克思主义思想路线的又一次升华。"求真务实"体现了马克思主义认识世界和改造世界的科学品格。胡锦涛在中央纪律检查委员会第三次全体会议上的重要讲话中强调指出，认识规律、把握规律、遵循和运用规律，是坚持求真务实的根本要求。德治体现为道德的内化与外化相结合的理性实践，其主体是人，要使其有效落实，"必须注意研究人的本性、人的需要、人的思想行为及规律"[①]，并要在把握时代与社会发展形势与规律的基础上，做到德治与社

[①] 张天蔚等：《危德、官德、商德、网德……新北京呼唤新道德》，《北京青年报专版》2003年9月20日。

会发展同步，与社会生产、生活适应，与人的需要结合。根据人们的实际情况，有针对性、人性化地开展德治，严禁搞形式主义，要坚持江泽民和胡锦涛先后强调的十二个字：讲实话、出实招、办实事、求实效。

（三）"三贴近"的实践原则

实践的展开需要有正确的方法论作为指导。"三贴近"是我们在德治实践中应遵循的指导思想和基本原则。以胡锦涛为总书记的党中央鲜明提出并系统阐述了"三贴近"的指导方针，这既是对党的宣传思想工作理论的丰富和发展，也是对德治思想与实践的开拓和创新。"三贴近"就是指贴近实际、贴近生活、贴近群众。这是马克思主义实践的观点、群众的观点、以人为本的观点的集中体现。胡锦涛反复强调："思想政治工作必须结合经济工作和其他实际工作一道去做，把解决思想问题同解决实际问题紧密结合起来。"德治的实践性特点，要求我们必须把握好"三贴近"的原则。首先，德治作为一种治国方略，必然要立足于时代和社会发展的现实，从实际出发，更好地体现时代性、把握规律性、富于创造性。其次，德治是一种道德实践，需要深入到真切的社会生活之中，关注现实生活中的突出问题，挖掘生活的道德内涵，给予道德关怀，反映生活的道德本质。最后，德治面对的主体是群众，坚持"从群众中来，到群众中去"，了解群众，关注群众，服务群众，引导群众，教育群众，实实在在地为群众着想。"三贴近"是一个相互联系的有机整体，"实际是根基，生活是源泉，群众是出发点和落脚点"①，共同体现了德治的实践性和以人为本的价值。

"以人为本"是德治的根本原则，体现了德治的根本目的和价值；"求真务实"是德治的重要原则，体现了德治的认识路径和要求；"三贴近"是德治的基本原则，体现了德治的实践途径和方法。以上三大原则相互联系又相互渗透，共同作用于德治理论到实践的各个环节及各个内容之中，

---

① 《中纪委第三次全体会议　胡锦涛发表重要讲话》，《人民日报》2004年1月13日。

体现着胡锦涛的德治思想的精神品格。

七、胡锦涛德治思想的实践

实践是思想的行走。胡锦涛德治思想所包含的价值、原则与内容最终要落实于"以德治国"的实践,并且在实践中不断进行检验和创新。胡锦涛德治思想表现为"治国""治政""治社""育人"等不同层面和维度的道德治理和道德建设,充分显示出德治的实践功能和现实意义。

(一)实施"德法并举"的治国方略

胡锦涛继承了党的"依法治国"与"以德治国"相结合的治国理念,发挥道德与法律一柔一刚、一内一外的互促互补作用。胡锦涛多次讲话指出,要求我们认真学习江泽民"关于实行依法治国和以德治国相结合的思想"。在此基础上,胡锦涛对法治与德治思想又加以深化和发展。一方面,关于法治,提出"树立社会主义法治理念""和谐司法""弘扬法治精神"等重要理念。另一方面,关于德治,提出"社会主义荣辱观""社会主义核心价值体系""和谐文化"等重要思想。总体上看,胡锦涛围绕"构建社会主义和谐社会"的目标,充分挖掘道德与法律的双向合力功效并不断提升。

(二)加强"以德治政"的行政道德建设

胡锦涛围绕党的建设和领导干部队伍建设提出了一系列意义深刻的重大命题和号召。比如,提出加强党的先进性建设的重大命题;提出加强党的执政能力建设为重点的全面加强党的建设的要求;提出了要建设一支善于治国理政的高素质的干部队伍,为改革开放和现代化建设提供坚强的组织保证;提出选人用人要"坚持德才兼备、以德为先";提出牢记两个务必：务必保持谦虚谨慎的作风，务必保持艰苦奋斗的作风；提出"八荣八耻"，为新形势下党风建设和反腐倡廉建设提供了新的思想武器；提出党内民主是党的生命，以党内和谐促进社会和谐的新思想，引导和推动党内民主朝着健康的方向发展，等等。党和干部要充分发挥领导核心作用，保持先进性，以"为民、务实、清廉"的官德要求自己，加强理论学习，提高道德修养，身体力行、以身作则，为其他社会成员树立"倡和谐、促和谐"的榜样。同时，党和国家行政机构应尽力在制度、政策、经济保障、社会管理等方面以公平、正义为理念，遵守从政道德，为民主政治的实现、为经济又好又快的发展、为文化的大发展大繁荣、为民生的改善和社会的和谐贡献力量。

（三）进行"以德治社"的社会公德建设

荣辱观不仅是一个民族思想道德的基点，也是一个国家精神文化的基石。以"八荣八耻"为主要内容的社会主义荣辱观作为胡锦涛德治思想重要组成部分，规定了包括官德与民德以及家庭美德、职业道德与社会公德在内的相互促进、相互交融的一系列道德规范，为包括党员干部在内的全体社会成员在社会主义市场经济条件下判断行为得失、作出道德选择、确定价值取向，提供了基本的价值准则和行为规范。胡锦涛在会见全国道德模范时发表重要讲话中，强调道德力量是国家发展、社会和谐、人民幸福的重要因素。加强社会主义道德建设，倡导爱国、敬业、诚信、友善等道德规范，形成男女平等、尊老爱幼、扶贫济困、礼让宽容的人际关系，培育文明道德风尚，是社会主义精神文明建设的重要任务。公民作为社会和国家的一分子，既是权利主体，也是责任和义务主体，每个公民都应自觉培养社会建设者所应具有的素质和能力，以社会主体的积极姿态参与社会生活、协调好各种社会关系，实现自我的和谐、人与人的和谐以及人与自然的和谐。

（四）加强"以德育人"的学校道德建设

党的十六大以来，以胡锦涛为总书记的党中央陆续发布了进一步加强和改进未成年人思想道德建设和大学生思想政治教育的重要文件。2005年，胡锦涛在全国加强和改进未成年人思想道德建设工作会议上发表重要讲话强调指出，加强和改进未成年人思想道德建设，要坚持以马克思列宁主义、毛泽东思想、邓小平理论和"三个代表"重要思想为指导，以进行理想信念教育为核心，以树立正确的世界观、人生观、价值观为重点，以养成高尚的思想品质和良好的道德情操为基础，紧密结合全面建设小康社会的实际，遵循未成年人思想道德建设的规律，坚持以人为本，促进未成年人的全面发展，努力培育面向现代化、面向世界、面向未来，有理想、有道德、有文化、有纪律，德、智、体、美全面发展的中国特色社会主义事业建设者和接班人。胡锦涛在党的十七大报告中明确提出，"切实把社会主义核心价值体系融入国民教育和精神文明建设全过程，转化为人民的自觉追求"，"动员社会各方面共同做好青少年思想道德教育工作，为青少年健康成长创造良好社会环境"。胡锦涛的重要讲话为学校思想道德建设指明了方向和方法。学校以育人为本，育人以德育为先。教师要做好道德自修和道德表率，提升师德，而后才能育人育心，以身立教，为人师表，做崇高师德的力行者。学校还要在学生管理与校园文化方面渗透道德因素，引导学生树立正确的价值观，养成良好的道德品质。同时，全社会要积极支持思想道德教育，让学校教育、家庭教育和社会教育相互协调，融为一体，实现全方位整合教育资源服务"以德育人"的综合效应。

下篇 03

新时期社会主义道德建设的着眼点与着力点

第十章

中华民族传统美德与公民道德建设

中华民族有五千年的文明史,创造了辉煌灿烂的文化,形成了博大精深、源远流长的传统道德思想。它是中华民族极为珍贵的精神财富和现代精神文明建设的重要源泉,对民族性格和民族精神的形成和发展产生了极其深远的影响。自古以来,中华民族传统美德始终是中华民族赖以生存和发展的道德根基和思想基础,始终是中华民族赖以生存和发展的重要精神支柱和精神动力。新时期,我们全面贯穿党的十七大精神,着眼构建和谐社会、全面加强公民道德建设,努力实现中华民族优秀传统道德与现代道德的融合。

一、中华民族传统美德的形成、发展及其基本内涵

在中华民族的传统道德思想中,儒家思想始终占据着十分重要的地位,特别是以"仁、义、礼、智、信"为主要内容的儒家传统道德,在人民的思想观念中影响深远,已经成为中华民族传统美德的核心价值理念和基本要求,带动了整个社会道德体系的发展和社会道德水平的提升,在整个中华民族传统美德中具有重要地位。

（一）中华民族传统美德的形成与发展

我们中华民族五千年的历史文化包含着丰富的道德内涵，其精华代代相传。"天人合一"代表着我们祖先的宇宙观；"己所不欲，勿施于人"，是为人的起码美德；"忠孝节义"是人生于世的标准；"仁义礼智信"成为规范人和社会的道德基础。中华民族的传统美德产生于原始社会。据史料记载，古代伏羲氏时期，原始先民画出八卦，造出文字，在此基础上产生了文章典籍，有些书籍中出现"德"字，如"以德配天""惟德是辅"等。炎帝时期，人类面对一个非常尖锐的问题，就是在恶劣的自然环境下怎么生存和发展。面对巨大的自然压力，以炎帝为首的部族，没有胆怯和屈服，而是显示了坚韧不拔、团结一致、勇敢拼搏、自强不息的精神。炎帝神话传说中的一些故事，如《精卫填海》《夸父逐日》《愚公移山》等，充分反映了炎帝及其部族与大自然作斗争的英雄气概。黄帝时期提倡俭德，《史记》中记载："劳勤心力耳目，节用水火材物"，这两句是用来描述黄帝的，也是黄帝用来教化当时民众的。"劳勤心力耳目"是教导人们用心去亲近、观察自然，利用和改造自然。"节用水火材物"则是告诫人们，万物有时，生杀受舍当有度，要学会尊重自然，尽可能保持其平衡状态。尧帝以道德为标准选拔干部和接班人。舜帝时期是由野蛮走向文明的历史转折时期，舜帝被称为道德文化的鼻祖。《史记》中记载："天下明德，皆自虞舜始"，《尚书》也有"德自舜明"的记载。舜帝继承并发展了尧帝的道德观，以德为先，重教化：在伦理道德方面，他忍辱负重，仁爱敬孝，推行"父义、母慈、兄友、弟恭、子孝"的五常教育；在社会道德方面，他"耕于历山，人皆让畔"，"渔于雷泽，人皆让居"，力行"乐于助人"，"邻里和睦"，"谦恭礼让"，"童叟无欺"；在职业道德方面，舜一生从事多种职业，除从事农耕、渔猎以外，还从事手工业生产和经商，他以诚相待，从不使假；在施政道德方面，主张"只为苍生不为身"，举贤任能，八十三岁禅让大禹。到了周朝，将孝道作为人的基本品格，在此基础上形成"知、仁、圣、义、忠、和"等六德。

春秋时期强化礼教，《左传》中记载着"六顺"，即"君义、臣行、父慈、子孝、兄爱、弟敬"。春秋初期著名的政治家、思想家管仲提出了"礼、义、廉、耻"四个道德要素。孔子继承了商周的伦理思想，创建了独特的以"仁"为核心的儒家伦理道德体系，提出"智、仁、勇"三德，认为"知者不惑，仁者不忧，勇者不惧"。春秋末期的老子提出人要"上善若水"，意思是最善的人要像水一样，具体地说，要"居，善地；心，善渊；与，善仁；言，善信；政，善治；事，善能；动，善时；夫唯不争，故无尤"。显然，老子倡导"仁""信"等道德操守。战国思想家孟子发展了孔子的思想，把"仁、义、礼、智"这四个要素整理归纳出来，作为道德的基本要求。而把"仁、义、礼、智、信"五大道德要素综合整合到一起并加以全面阐述和规范的，是汉代的董仲舒。官方把"仁义礼智信"明确为整个国家要提倡和遵守的道德纲领，是在汉建初四年（公元79年）的白虎观会议以后。会后，汉章帝命班固把讨论结果编成《白虎通义》作为官方典籍公布，影响深远。这是历史上官方文书关于"仁义礼智信"的最早记载。随着历史的发展，特别是到魏晋之后，官方、民间出现了道德认识的不同观点、不同认识，对"仁义礼智信"也进行了多种阐述，进行了新的创造和新的规范，但"仁义礼智信"作为传统道德的主要框架并没有发生根本改变。特别是作为宋明理学中坚人物的程颢、程颐、朱熹等思想家，在这方面的贡献最为突出。程颢、程颐将"仁义礼智信"发展为"五常全体四支"说，即"仁义礼智信五者，性也；仁者，全体；四者，四支"。意思是说，如果把"仁"看作是整个身体，"义礼智信"则是身体的四肢。朱熹则提出"仁包四德"的著名论断。在资产阶级革命兴起时，"仁义礼智信"仍然得到资产阶级革命家的继承和发展。民主革命的先行者孙中山指出："必须人人尚道德，明公理"，要"践行忠孝、仁爱、信义、和平"八个常规道德规范和"智、仁、勇"三大德。

中国共产党人传承文明，开拓未来，对古代思想文化进行了批判继承。早在新中国成立之初，毛泽东就高瞻远瞩地提出了培养千百万德、智、体全面发展的社会主义事业接班人的战略任务。改革开放时期，邓小平把社会主义事业接班人的基本要求概括为"四有"，即有理想、有道德、有文化、有纪律。江泽民也非常重视公民道德教育问题，提出了以德治国与以法治国相结合的思想。党的十六大以来，胡锦涛把中华民族传统美德与时代精神相结合，提出了以"八荣八耻"为主要内容的社会主义荣辱观，重新诠释了社会主义道德体系，体现了中华民族传统美德与时代精神的有机结合，体现了社会主义基本道德规范的本质要求，体现了社会主义价值观的鲜明导向，是新时期道德观的集中体现，代表了先进文化的前进方向。

（二）中华民族传统美德的基本内涵

何为道德？道即是法，是万物之源，德是万物存在的基础。在中国传统文化中，曾将道德阐释为"天道""天理"，以及人当遵守的"仁、义、礼、智、信"。天道、天理体现的是自然规律和社会规律，而"仁、义、礼、智、信"则是人顺从天道所应遵从的道德规范。所谓中华民族传统美德，就是中华民族优秀道德品质、崇高气节、高尚情感、良好礼仪的总和。从中华民族传统美德的产生、发展的历史来看，"仁义礼智信"是中华民族传统美德的核心价值理念和基本要求，在中华民族道德建设的长河中具有本源地位和基础地位，是我们应该履行的基本义务和应该具有的主要品行。那么，如何看待中华民族传统美德"仁、义、礼、智、信"这五大基本要素呢？从它们之间的关系来看，它们是相互关联、相互依存、相互支撑的，共同构成了中华民族传统道德大厦的根基，也可以说是中华民族传统道德大厦的支柱。从基本内涵来看，"仁"，是指同情、关心和爱护这样的心态，即"仁爱之心"，主要是人与人之间互相关怀、互相尊重和互相爱护的情感，是世间万物共生、和谐共处、协调发展的一种道德规范；"义"，是指正当、正直和道义这样的气节，即"正义之气"，是超越自我、正视现实、仗义公道的做人原则；"礼"，是指礼仪、礼貌和理解这样的规矩，即"礼仪之规"，是建立人际关系、社会秩序的一种标准和准则；"智"，是指辨是非、明善恶和知己识人这样的能力，即"智谋之力"，是人们认识自己、了解社会，解决矛盾、处理问题的眼光和能力；

"信",是指诚实守信、坚定可靠、相互依赖这样的品行,即"诚信之品",是人们交往和处事的道德准则。这五者合起来,是我们每一个公民都应该具备的最基本的道德。而"以热爱祖国为荣,以危害祖国为耻;以服务人民为荣,以背离人民为耻;以崇尚科学为荣,以愚昧无知为耻;以辛勤劳动为荣,以好逸恶劳为耻;以团结互助为荣,以损人利己为耻;以诚实守信为荣,以见利忘义为耻;以遵纪守法为荣,以违法乱纪为耻;以艰苦奋斗为荣,以骄奢淫逸为耻"为主要内容的"八荣八耻"社会主义荣辱观,则以中华民族传统美德为道德基础,注入了以改革创新为核心的时代精神,它以精辟的语言全面概括了社会公德、职业道德和家庭美德各个领域对公民的基本要求,寓意深远,内涵深刻,是对中华民族传统美德的弘扬和超越,对我们新时期加强公民道德建设提出的新要求。

二、新时期弘扬中华民族传统美德的重要性

优秀文化和基本道德的传承和发展,离不开对历史的继承和扬弃,离不开传统的基础和土壤。否则,就会成为无源之水、无本之木。通过以上分析,我们可以看出,弘扬中华民族传统美德与加强公民道德建设在根本上是一致的。进入21世纪初,中共中央颁发《公民道德建设实施纲要》,以文件形式提出公民道德规范五句话二十字:爱国守法、明礼诚信、团结友善、勤俭自强、敬业奉献。这一新道德体系继承了中华民族传统美德,与传统美德中的"忠、礼、信、仁、和、勤、进"等要素是一致的,既隐含着传统美德的基本观点,是对传统美德的进一步发展,又渗透着现代德育意识,反映了新时代道德规范的要求。因此,新时期加强公民道德建设,必须充分认识中华民族传统美德在构建社会主义和谐社会中的地位和作用。

(一)弘扬中华民族传统美德有利于社会风气的改善

中华民族传统美德历来崇尚以礼为先,以和为贵。一个社会是否和

谐，一个国家能否长治久安，很大程度上取决于全体社会成员的思想道德素质。没有共同的理想信念，没有良好的道德规范，是无法实现社会和谐的。亚太地区未来教育研讨会曾对我们提出警告：将来毁灭人类的不是战争和瘟疫，而是人类的道德。可见，道德建设在社会建设与发展过程中的重要性。胡锦涛在提出社会主义荣辱观时明确指出："社会风气是社会文明程度的重要标志，是社会价值导向的集中体现。"荣辱倒错势必导致社会秩序混乱，所以在社会主义社会里是非、善恶、美丑的界限绝对不能混淆，坚持什么、反对什么、提倡什么、抵制什么，都必须旗帜鲜明。这是保证我们事业健康发展的必然选择。从这个意义上说，以"八荣八耻"为主要内容的当代社会主义道德观，有利于增强社会成员的荣辱感，不仅有利于团结他人、维护荣辱原则、实现社会公正，而且有利于激浊扬清、弘扬新风正气，形成正确的社会导向，促进和谐社会的有序发展。

（二）弘扬中华民族传统美德有利于民族精神的培养

民族精神是支撑一个国家和民族兴旺发达的重要支柱。几千年来尤其是进入近代以来，中华民族之所以历经各种各样的磨难，依然能够不屈不挠、昂首挺胸地走过来，就是因为有民族精神力量在支撑，推动着我们民族的进步和发展。新加坡、韩国、日本之所以经济发展较快，其民族精神和民族凝聚力、向心力在其中发挥着重要作用。比如，新加坡倡导的"文化再生运动和国家的共同价值观"思想文化战略对国家的繁荣发展起到了重要作用。其主旨就是重视物质文明与精神文明的协调发展，坚持德治与法治并举，重视对国民尤其是新一代国民进行民族文化和传统道德教育，使占绝大多数的华人及其后代，弘扬华人文化传统和儒家文化价值观，进而在全社会建立共同的价值观。中华民族的传统文化有着许多长期形成的优秀的思想道德、行为准则。因此，实现中华民族伟大复兴，我们必须对传统文化进行一次整合梳理，在去粗取精、去伪存真的基础上赋予新的时代内涵，并在全社会范围内大力弘扬。只有这样，才能不断增强民族凝聚力和社会公民的民族自豪感。

(三) 弘扬中华民族传统美德有利于人际关系的协调

中华民族传统美德中的"仁、义、礼、智、信"要求人与人之间必须团结友爱、与人为善、公道正派、诚实守信,这就为我们处理好人与人之间的关系奠定了思想基础,明确了行为规范。在全社会大力倡导以"仁义礼智信"为核心内容的中华民族传统美德和以"八荣八耻"为主要内容的社会主义荣辱观,可以使人与人之间更加团结、诚信、和谐、友爱,可以增强每个社会成员的荣辱感,而这种荣辱感在人群中的辐射、传递、感染、交流,可以促进人们的思想沟通,加固人际联系的纽带。通过满足人们荣辱情感的需要,还可以增强个人对集体的向心力和集体对个人的凝聚力。正如贺更行在《市场经济条件下的荣辱追求》一文中写到的"不管是对于一个人还是对于一个民族来说,坚持弘扬人类知礼仪、明荣辱、讲廉耻的伟大传统,是符合正义的价值体系的先决条件,也是恢复人们对德性力量的信心的先决条件。"从这个意义上讲,只有大力弘扬中华民族传统美德,牢固树立社会主义荣辱观,才能不断改善社会主义市场经济条件下正在逐步冷漠和淡化的人际关系,使人与人之间的关系变得更加和谐、友善。

(四) 大力弘扬中华民族传统美德,有利于优良品格的塑造

古人信奉以德立身乃为人之本,以德立身方为国家栋梁。我国著名教育家陶行知说:"道德教育是做人的根本","没有道德的人学问本领越大,就能为非做歹越大"。目前来看,我国公民道德状况总体是好的,主流是积极健康向上的,但由于近年来"重智育、轻德育"的影响,少数公民道德人格的修养还不太健全和完善。其突出表现在:社会公德意识淡薄、社会责任感欠缺,集体意识淡薄、个人主义思想严重,心理素质较差、意志品质薄弱,基础文明修养欠缺、价值取向和利益观念混乱,缺乏诚信意识等等。这些现象明显表现出部分公民思想道德观念的欠缺,道德素养和人

格品质的不健全。而大力弘扬以"仁、义、礼、智、信"为核心内容的中华民族传统美德的主要目的和功能之一，就是教人通过掌握道德原则和标准，学会如何规范自己做人、懂得做人的道理，就是要在潜移默化中逐步培养公民爱国、敬业、诚信、友善、谦虚、谨慎等优良品格，从而不断实现人的自我发展和自我完善。

三、加强公民道德建设的几点思考

深入抓好中华民族传统美德与社会主义道德观的有机融合，大力开展公民道德建设是一项系统工程、长期工程。我们必须采取多种方法，坚持多管齐下，才能确保中华民族传统美德永葆生机活力，重新绽放光芒，为促进社会主义和谐社会的构建注入强大的精神动力。针对当前社会建设实际，加强公民道德建设应重点抓好以下几项工作。

（一）积极实施公民道德建设工程

中共中央 2002 年颁发的《公民道德建设实施纲要》（以下简称《纲要》），从加强公民道德建设的重要性、目的意义、方式方法和组织领导等八个方面做了系统阐述，是新时期加强公民道德建设的纲领性文件。我们开展公民道德建设工程必须把贯彻落实《纲要》作为一项长期任务来抓。坚持以《纲要》为指导，在全体社会成员中广泛开展社会公德、职业道德、家庭美德教育，在全社会大力倡导爱国守法、明礼诚信、团结友善、勤俭自强、敬业奉献的基本道德规范，培养良好的道德品质和文明风尚。大力倡导以文明礼貌、助人为乐、爱护公物、保护环境、遵纪守法为主要内容的社会公德，大力倡导以尊老爱幼、男女平等、夫妻和睦、勤俭持家、邻里团结为主要内容的家庭美德，提倡尊重人、理解人、关心人，热爱集体、热心公益、扶贫帮困，在全社会形成团结互助、平等友爱、共同前进的社会氛围和人际关系。贯彻落实《纲要》必须坚持自上而下、以点带面，必须坚持党政军带头、党员干部做表率。只有这样，才能确保向全社会辐射，带动整个社会风气的好转。

（二）深入开展中华民族传统美德教育

毛泽东曾经指出："根本的问题在于教育。"当代公民道德淡化的根本原因，是教育中的某些环节和失误造成的。长期以来，受"重智育、轻德育"教育观念的影响，使人们普遍对传统道德缺乏了解和认识。因此，我们必须着眼实际，积极构建现代道德教育体系。在立足学校教书育人主渠道作用的基础上，把家庭教育、学校教育和社会教育紧密结合起来。充分发挥家庭教育的启蒙教育功能，使人们从小就能够明是非、辨美丑；充分发挥学校教育的系统培育工程，使人们在学生时代就打牢立身做人的道德基础；充分发挥社会的综合性教育功能，使每一名社会成员都能树立正确的社会荣辱观，自觉遵守家庭美德、职业道德和社会公德。目前，有的城市在社区内以弘扬中华民族传统美德为主要内容，广泛开展"新三好"（在家做个好孩子，在学校做个好学生，在社会做个好公民）活动，促进了家庭、学校、社会教育三者的有机结合。华中科技大学在大学生中广泛开展中华民族传统美德选修课，坚持用优秀的传统文化提高学生的思想道德素质，让中国古老的《道德经》走进现代科学殿堂，取得了很好的教育效果，受到了学生的普遍欢迎。

（三）大力营造浓厚向上的社会道德氛围

党的十七大提出了要加强国家"软实力"建设，道德建设作为"软实力"建设范畴，应该重点加强。对此，国家和地方各级广电、文化部门责无旁贷。首先，各类大众传媒包括新闻媒体、网站、文化、出版等部门要增强社会责任感，通过大力宣传符合社会积极道德风尚的新事物、新典型来教育引导感召公民，塑造他们良好的道德品格。其次，新闻媒体还应发挥它应有的舆论监督功能，对社会上的假、恶、丑现象进行无情的揭露、谴责，营造扬善抑恶的道德环境。同时，还要根据当前社会道德滑坡实际、大众需求特点和认知规律创新方法手段，生产出更多更好的文化产品，弘扬新风正气，满足大众文化精神需求。另外，还要广泛树立可亲、可敬、可信、可学的道德楷模，让广大公众做到学有榜样，赶有目标，从先进典型的感人事迹和优秀品质中受到鼓舞，吸取力量。同时，各级职能部门要加强对文化市场的管理，净化社会道德环境。近年来，央视每年组织开展的全国道德模范评选活动，有力带动了社会风气整体建设，各级、各部门都应该学习效仿。

  总之，道德是个人安身立命之根基，民族传承发展之根本。正直、刚毅、勤俭、诚实、友善、助人、责任、亲情等中华民族传统美德和优良品质，在任何时候、任何情况下我们都应该坚持和发扬。当然，正确道德观和荣辱观的树立绝非一朝一夕之事，也非一劳永逸之举。但我们坚信，只要全体人民身体力行、躬身实践，中华民族传统美德和社会主义荣辱观就一定能产生强大的向心力，有效凝聚人民的智慧和力量，促进社会风气整体好转，推动社会主义和谐社会建设。

第十一章

以德治国必须加强家庭美德建设

家庭美德是整个社会主义道德体系的重要组成部分。家庭美德建设是社会主义思想道德建设的一项基础工程,是发展先进文化的重要内容。搞好家庭美德建设,对于提高中华民族的思想道德素质、促进社会文明进步、推进有中国特色社会主义伟大事业,具有十分重要的意义。家庭美德建设对于社会公德、职业道德的形成有重要的影响和作用。家庭作为每个人接受道德教育的第一所学校,对一个人的世界观、人生观、价值观的形成影响极大,是其他教育形式无法替代的。家庭作为构成社会的细胞,它的道德水平也直接体现了社会的文明程度及道德水准,因此,注重家庭美德建设对夯实社会主义道德建设的基础显得尤为重要。

一、家庭美德的传承与发展

党的十四届六中全会把家庭美德建设作为社会主义精神文明建设的重要任务之一,写进党的决议,并将社会主义新时期家庭美德的内容概括为"尊老爱幼、男女平等、夫妻和睦、勤俭持家、邻里团结"这五个方面。中华民族是一个有着五千年优秀文化传统的民族,传统家庭美德与现代文明、与社会主义现代化建设及其时代精神,不是对立的,而相辅相成的。这正是传统家庭美德之所以能够成为我国现代社会主义家庭美德建设的丰富养料的关键所在。

（一）传统家庭伦理以家庭组织为基本出发点

家庭是建立在婚姻和血缘关系基础之上的亲密合作、共同生活的小型群体，是社会的基本单位，是社会的细胞。传统家庭伦理认为：一个理想的社会应当由理想的个体所组成，"家"乃是最基本的单位，即所谓："天下之本在国，国之本在家，家之本在身。"只有把家庭有效地管理起来，社会的整个结构也就基本上能够保持稳固，国家的整体功能也就能够在此基础之上得到良好的发挥。《大学》云："古之欲明明德于天下者，先治其国；欲治其国者，先齐其家"；又说："所谓治国必先齐其家者，其家不可教，而能教人者，无之"。正因为如此，才有非常发达的传统家庭伦理文化，制定了一整套家庭伦理秩序，对人道之始、父慈子孝、赡养、敬顺亲情等具体的人和事做了大量规定性阐述，对稳定家庭、培养理想人格起过重要作用。我们进行家庭美德建设，也是以家庭这一社会细胞为出发点的，通过个体家庭美德建设进而达到推动全社会的道德建设。在这个系统工程中，离不开家庭的人和事、离不开父母行为规范、子女言行举止、家庭道德氛围等内容。虽然现代家庭美德与传统家庭美德有本质的区别，但是由于对象、范围相同，道德本身发展的内在逻辑所决定的现代家庭美德与传统家庭美德的相关性，为两者的延续性搭起了桥梁。

（二）传统家庭美德的"善"伦理与现代家庭美德相契合

在儒家文献中，经常使用"善"字，这是和"恶"字相对立的概念。孔子有善美德混同之处，孟子和荀子有性善性恶之辩。善与恶、美与丑、好与坏，都是对立的两方面，凡是符合儒家道德规范的思想、遵循儒家礼法制度的言行，就是善的。孔子云："里仁为美"[①]，和有仁德的人在一起才算是好的和善的；又说："择其善者而从之，其不善者而改之。"[②] 孟子

---

① 《论语·里仁》。
② 《论语·述而》。

也比较过善政和善教说:"善政不如善教之得民也。善政,民畏之;善教,民爱之。善政,得民财;善教,得民心。"①《大学》中说:"道盛德至善,民之不能忘也。"当然,儒家所强调的"善",有明显的阶级性和历史的局限性,但其中一部分伦理道德精华一直为各个时代共同借鉴和使用,社会主义时代的家庭美德也不例外。恩格斯指出,在阶级社会里,阶级之间的矛盾只要没有达到敌我对抗的程度,在不同的阶级和集团之间还是有共同利益的。为了维护这个共同利益,在个人与国家、民族、社会关系上就有一些共同遵循的道德规范的准则——"社会公德"。这里就涉及个人、家庭与国家、民族、社会的关系,其中"家庭"这个社会细胞显得特别重要。也正是这种道德一致性使传统家庭美德与现代家庭美德有共同之点。

(三) 传统文化的"人和"精神有助于当前创建和谐家庭

孔子说"兄弟怡怡"。"怡怡",就是和和气气。孟子进一步论述:"天时不如地利,地利不如人和"②。"人和"就是紧密团结、相互合作。"人和"始于家庭,延伸于天下,因而带有普遍性。要做到"人和",其途径是人与人之间相爱互敬,即所谓:"爱人者人常爱之,敬人者人常敬之。""人和"反映在国家,表现为全民族紧密团结的凝聚力。反映在家庭,则主要表现为:长辈与晚辈之间父慈子孝;夫妻之间恩恩爱爱、和睦相处;兄弟姊妹之间团结协作;家庭上下关系和谐,亲密无间。这种"人和"思想几千年来在凝聚中华民族方面发挥过重大作用,对今天的家庭美德建设仍然有借鉴意义。在现代家庭美德建设中,大力提倡"人和"思想能消除现代家庭中普遍存在的儿女虐待老人、夫妻吵闹不休、兄弟姊妹反目为仇等文化污染,创造一个良好的家庭环境。家庭上下相安,左右关系融洽,有利于身心健康,有利于工作。

---

① 《孟子·尽心》。
② 《孟子·公孙丑下》。

（四）传统美德倡导的克己正身有助消除现代家庭奢浮的消费文化

儒家主张克己正身、谦虚谨慎、脚踏实地、生活简朴、不事奢浮，并以此为美德。克己正身就是要克制自己的欲望，在生活上无所奢求，要以义取利，端正自己的言行，不违反礼仪，以便为人楷模，教化百姓，达到"天下归仁"。孔子曾高度赞扬颜渊说："贤哉，回也。一箪食、一瓢饮，在陋巷，人不堪其忧，回也不改其乐。贤哉，回也。"[①] 同时反对以穿破衣、吃粗茶淡饭为耻辱的人："士志于道而耻恶衣恶食者，未足与议也。"[②] 孔子的观点中虽有偏颇之处，但其中克己正身、不事奢浮却包含合理因素，对我们现代家庭的消费文化仍有指导意义。当前，社会上"富贵病"比较严重，大款一掷千金，追星族争相仿效，就连农村贫困户也有少数人染上了"富贵病"，穷吃、穷喝、穷扯（清谈、找情妇）和穷愚（信迷信而大手大脚花钱）。这种奢浮的消费文化既害了自己，也害了国家。要解决这个问题，提倡克己正身、不事奢浮，要求家庭每一个成员懂得国情、了解现状、严格要求自己，以国家利益为己任，用远大理想占胜个人无限膨胀的消费欲望，从而建立正确的消费文化，促进国民经济健康发展。

（五）传统的具体道德规范对现代家庭美德规范有直接借鉴意义

例如，从中国古代家庭伦理最主要的亲子、夫妇、长幼三方面的伦理道德要求来说，慈、孝、贞、悌是其道德标准。做父母的基本伦理规范是慈。所谓慈，是指父母之于子女必须履行抚养、教育的道德责任和义务，以及与子女建立一种亲密的感情。做子女的基本伦理规范是孝，即子女之于父母的道德义务和责任。孝是中国一个古老的道德范畴，曾为封建社会最高道德的"三纲"之一。传统的"孝"有三层意思：一是奉养；二是

---

① 《论语·雍也》。
② 《论语·里仁》。

服从,这种服从是"无条件的绝对服从";三是父母死后的祭祀,祭祀必须出于虔诚。孝后来作为封建社会的最高道德原则,"移孝为忠",是因为孝包括了绝对服从的要求。悌是弟弟对兄长的行为要求,其原义为弟弟对兄长的敬重、服从等义务关系。慈和孝的伦理,原本是基于亲子之间天然的深厚的爱而为之规范的。传统伦理强调,亲子之爱为仁之本,善推之,有益于天下之爱。应该说这是一种合理的思想。当然,传统亲子伦理也存在明显狭隘和落后的一面,如把子女视为私有财产,压抑子女的独立性,讲究孝慈有私、子为父隐、父为子隐、"父母在,不远游""发肤不伤,为孝之始,耀祖扬名,为孝之终""不孝有三,无后为大"等,这些消极的道德内容,现在应该摒弃。同样,对于"悌""贞"而言,如果扬弃"悌"中弟弟对兄长绝对服从的专制意义而发展强调兄弟间平等、敬重、关怀的一面,扬弃"贞"中"嫁鸡随鸡,嫁狗随狗""从一而终"的消极意义而发展其夫妻间相互忠贞平等互爱的一面,对于建设新时期的家庭美德来说,仍然具有十分积极的意义。儒家传统家庭伦理道德,作为封建意识形态,虽然具有为封建家庭伦常等级制度服务的一面,因而难免带有阶级和时代的局限性,但是,在儒家传统的家庭伦理道德文化体系中,也还蕴藏着具有普遍意义的一般人伦关系的规范,诸如洒扫、惜时、诚信、廉敬、自强、刚健、知耻、礼让、勤劳、节俭等美德,这些都有待我们继承、改造和弘扬,使其成为社会主义家庭美德建设的历史依托和丰富营养。

二、家庭美德的功能和作用

(一) 家庭美德建设具有塑造个人品德的功能

家庭美德作为一种与个体生活联系最早,也最为密切、最为长久的文化环境,对个体的成长过程有着积极的价值。一个人在走向社会之前首先接受的是家庭道德的熏陶,在家庭内部学会处理各方面的关系,才能为他走上社会处理各方面的关系打下良好的基础。正是从这个意义上，我们说：家庭美德建设具有塑造个人品德的功能。如亲密的夫妻关系、和谐的亲子交往、浓烈的兄妹情谊、平等的家庭氛围等，对个体热情、开朗、进取、正直等诸多品质的形成乃至整个人格的形成，都具有正面的价值；相反，夫妻间过频过强的破坏性的矛盾冲突、兄妹关系的疏离、亲子情感的淡化、缺乏民主的家庭生活等，则会导致个体人格的畸形发展。

这里我们仅从亲子美德对个人品德（以儿童为例）的影响作简要分析。

亲子美德，指在父母与子女的关系中所表现出的美德，它有多方面的表现，如父母对孩子持有满腔炽热的爱，父母与子女以平等、民主的方式交往，父母与子女关系和谐，没有破坏性的冲突等。这些美德，能为孩子的成长开辟一方和谐、上进、健康、积极的天地，促成孩子的全面发展，顺利进行社会化的历程。在我国古代，无数父母秉着对孩子的爱护，从多方面和谐亲子关系，并精心教子，培养出了孟子、岳飞、戚继光等一批批历史文化名人。在这些历史名人的成长经历中，无不伴有亲子美德的闪光。在国外，亲子美德对孩子社会化的积极作用也为许多有识之士所首肯，并通过科学实证手段得到了佐证。如法国作家莫罗阿强调母爱对孩子社会化的价值，认为在母爱滋育下"开始的人生是精神上的极大的优益"，"凡是乐观主义者，虽然有过失败与忧患，而自始至终抱着信赖人生的态度的人们，往往都是一个温良的母亲教养起来的"。更有学者认为，亲子之爱，不仅滋育着孩子健全的人格、积极向上的人生态度的形成，甚而可以医愈孩子先天性的缺陷，"父母对于自己的子女来说，可以担当起高明、敏锐和体贴入微的心理疗法医生的角色，在医治心理疾病时，温柔与爱抚，对孩子内心状态的理解以及适当灵活地对症下药，具有最佳疗效。"①相反，如果父母与子女之间的亲子美德荡然无存，而代之以一种敌对或过分紧张的、不友好的关系，则会导致孩子社会化的延迟或异向，身心受损。正如美国精神病疗法专家 N.P. 可布拉兹等在大量实证基础上得出的

---

① 程凯华：《中华传统美德》，湖南教育出版社2005年版。

结论所言：许多神经心理疾患产生的根源在于父母与子女间的敌对关系。原苏联心理学家 А. И. 扎哈罗夫的研究同样证实了这一点，他指出："孩子的神经病患实质上就是父母为'克服'自身的个性危机而付出的代价。父母在发泄自己的神经质、委屈与不满的时候，往往就迫使孩子充当了各种各样的、常常是互不相容的角色，这些角色超出了孩子的适应限度"，"童年期和少年期的神经疾患是家庭问题的临床心理学表征，我们通过对祖父母、父母及孩子这三代人的研究证实了这点"。①

可见，家庭美德对于个人品德的形成与发展具有重要作用。我们要培养心智健全的个体，培养有所作为、有能力适应社会现实的个体，一时一刻也离不开家庭美德的建设与教育。

（二）家庭美德建设具有情感满足的功能

情感满足，是家庭应担负的重要功能之一，它可以为家庭成员消解心理与精神上的困惑，注入更为能动进取的精神动力，提供愉悦的精神享受。人们常说的家庭祥和、温馨、和乐等，都是对家庭成员在家庭生活中获得情感满足的赞语。在家庭生活中追求情感满足，是每个个体的客观需要。个体事业发展的动力、对生活的热情迎纳等，其基础性源头之一，正在于家庭对其情感需求的满足。所谓"成功之人背后往往有一个和谐美满的家庭"，正说明了这一道理。家庭与个体关系的原发性、紧密性、真实性、长久性，也决定了个体从家庭中获得精神愉悦、情感满足的直接性、长期性与不可替代性。卸掉满身的负荷，享受最真挚、最自然的情感，涤荡怨意、消除压力、抛却矛盾、摆脱震荡，这便是个体投入到一个温馨的家时的感觉，便是"家"对个体的无条件的容纳与情感满足。

家庭在满足个体情感需求方面有着无可替代的功能。但是，这一功能的实现是有其前提条件的，即家庭本身必须拥有不竭的、高质量的情感源。这一情感源，就是家庭美德。只有在一个宽松和睦、亲切协调、平等

---

① 龚平：《家庭美德建设简论》，《四川师范学院学报》（哲学社会科学版）1998年。

民主、幼孝长慈、夫妻恩爱的环境中，家庭才能真正成为个体心理的减震器，成为个体精神的避风港。

曾有人预言，随着科技进步、工业化进程的发展，"家"将愈来愈成为一个"工具"和"空壳"，其所具有的情感满足功能将越来越小，乃至失去。如美国学者弗洛伊德·M.马丁森在其《社会中的家庭》中指出："家庭已被剥皮抽筋，搜刮殆尽，被推到了绝境"，家庭生活"也似乎正在被抛进大海"。家慢慢地降格为一个家庭总部，一个供吃饭、睡觉和消磨闲暇时间的地方。"家变成了一个单纯的地址，一个供家庭成员存放他们不想带在身边的什物的地方"。的确，现代生活在给人们带来丰厚的物质生活享受的同时，也带来了太多的压力，现代生活把人们推到了高频度的生活节奏中，从而告别"小桥流水人家"那种家庭生活的悠然、舒适与温馨。但是，据此断言"家"将沦落为仅"供吃饭、睡觉、消磨闲暇时间的地方""单纯的地址""什物存放点"，而不再具有其他的意义包括情感藉慰、满足功能，未免有点耸人听闻。其实，现代社会为人们提供富足的物质享受，使人们愈来愈摆脱工具性的同时，给人们带来的，还必然有人们对情感满足的高需求。现代生活压力增大的客观事实，也客观地为人们的高情感需求增添了高能催化剂。诚如未来学家奈斯比特所言，未来社会，当是高技术与深厚情感并驾齐驱的时代。"每当一种新技术引进社会，人类必然会产生一种要加以平衡的反应，也就是说要产生一种高情感。否则，新技术就会遭到排斥。技术越高级，情感反应也就越强烈"，"在我们面前将有很长的一段时间，人们会强调高情感和舒适，以与疯狂地迷恋高技术的世界相平衡"。与现代化历程相伴生的人们的这种高情感需求的出现，无疑更加鲜明地突显了加强家庭美德建设，从而强化家庭情感满足功能的重要性。

（三）家庭美德建设对社会整体文明的发展具有促进作用

家庭美德建设对社会整体文明的发展具有不可替代的作用，这主要表现在：

首先，家庭美德建设对社会精神文明的发展具有奠基功能。社会美德的具体创造者与承担者是人，是具体的一个个社会性个体。而个体思想品德等内在精神性成分的形成，最初便是在家庭中且由家庭予以最直接、最深入地塑造而成的。即使是被社会所广泛公认的精神文明成果，也必须且必然地经过家庭、家庭价值网络的筛选、注解、重组，才能转注到幼小个体的头脑中。因此，家庭美德在个体最初的思想道德品质的形成中，具有奠基的性质。个体正是在这一基石之上，实践着对社会精神文明的创造与承担，因而个体对社会精神文明的创造与承担活动，在实质上也便包含着个体对自己在家庭中、在家庭美德影响下所形成的优良思想道德品质的提升、扩延、深化的成分。瑞士著名教育家斐斯塔洛奇讲："若培养儿童热爱祖国的品质，必使他们首先热爱自己的母亲"，这正是对家庭美德与社会美德之间这种关系的形象性揭示。另外，一种家庭道德产生之后，会逐渐地被人们接受、改造、升华，从而促使其中相应成分自然而然地演变成为社会性美德。由上述两个层面，我们完全可以认为，家庭美德是社会精神文明进步发展的基础。

其次，家庭美德建设为社会物质文明的发展提供动力。家庭美德，作为一种具有先进意义的精神因素，当它被个体接受之后，便左右着个体的行为取向，并使个体在实践这一行为取向时，保持积极向上的精神姿态，为其实践行为注入勃发的热情与无尽的动力，从而对其物质生产活动产生积极作用。以日本为例，战后日本仅用十数年的时间，便以任何一个资本主义发达国家发展史上所不曾有过的高速发展，一跃而成为"亚洲新巨人"。面对日本的神速崛起，世界上不少学者都在努力揭示其中的奥秘。虽众说纷纭，但有一点却是相同的，即将以日本伦理精神为主要内容的日本国民性视为日本实现现代化的一个重要因素。日本的伦理精神，正是一种家庭型伦理精神。正是对家庭伦理、家庭型氛围的借助，日本企业凝聚了员工们的向心力，激发了员工为"家"而奋斗、而尽忠献身的伦理精神。日本经济的发展，正同这种伦理精神的发扬密切相关。

最后，家庭美德建设还影响着人们对社会文明成果的认知和享有的程度。社会文明成果的消费与分享过程，是社会文明进一步提升、发展的重要环节。它需借助多种中介才能实现，家庭美德便是这些中介中极其重要的一个。它既左右个体运用和消费社会物质文明成果的行为，又左右个体内化和实践社会精神文明成果的取向。个体运用和消费社会物质文明成果，同个体的消费观念、知识水平直接相关，而这又同个体所拥有的家庭伦理道德不可分割。社会精神文明成果在其向个体的转化过程中，也一般先经过家庭固有的文化与价值图式的筛选、注解、整理。而在家庭固有文化、价值图式中，家庭伦理道德占有着极重要的一席之地。因此，它也客观地参与了社会精神文明成果个体化的过程，发挥着中介作用。

三、家庭美德建设的现状及问题

随着改革开放的日益深化和社会的巨大变革，我国家庭在结构、功能、生活方式、行为方式等方面，都出现了许多新的因素，发生了很大的变化。其变化主要有：大部分家庭，特别是城市家庭，不再是一个生产单位，而作为生活单位的功能更加突出了，这是最大的变化；同时，家庭越来越小型化，过去那种四世同堂的情况已很难见到；独生子女的出现，使父母对子女的期望值提高，更重视对子女的教育，舍得大量投入；夫妻相互尊重、平等相待，共同承担家务，已成为家庭生活的主流；家庭民主已逐渐确立，过去的家长制作风正在被民主风气所取代；生育观念发生较大改变，"养儿防老""多子多福"正在被"少生快富""以富养老"所代替。这些变化，从总体上来说，对于家庭美德的建设是有利的，其主流也是符合社会发展的需要的。但是，毋庸讳言，有些变化也有某些消极因素，给家庭美德建设带来一些不利影响。其响主要有：国外的某些不健康的婚恋观对家庭道德的影响，婚前性行为流行起来，家庭的稳定性受到削弱，婚外情有所增加，离婚率不断上升，破坏了家庭的团结和睦；家庭关系受到金钱至上的影响，有的家庭重物质享受，轻精神追求，家庭生活严重失调；随着家庭人际关系的淡化，老龄化趋势开始出现，赡养老人的负担加重，老年人的社会化问题日益突出；部分家庭的老人，不仅得不到应有的尊重和赡养,而且出现了"啃老""弃老"现象;对孩子的教育,大多重智轻德,娇宠、溺爱比较普遍,使孩子普遍缺乏独立性,缺乏艰苦朴素精神,盲目自大,以自我为中心;反映在邻里关系上,大部分城市家庭和少数农村家庭住进单元房,邻里关系相互隔膜,来往大大减少;缺乏友爱互助精神,公德意识淡漠,往往因小事而酿成纠纷;在对待国家、集体关系上,集体主义观念淡漠,重小家而轻"大家",利己主义、个人主义有所发展。由此可见,当前我国家庭美德建设中面临的问题还是很多的。

四、开展家庭美德建设的建议与思考

(一)既弘扬传统美德又倡导时代精神

中华民族历来注重传统美德,重视家庭道德的培养和建设,崇尚"修身、齐家、治国、平天下",重视家庭教育,这些对我们今天的家庭美德建设都有很大的价值,都是可以继承的。同时,赋予符合时代的新内容,旗帜鲜明地倡导与社会文明进步潮流相适应的人格、婚姻自主、平等相待等观念和准则。

(二)吸收西方文化的合理成分,建立符合中国国情的家庭美德

西方资产阶级革命追求自由、民主、平等、博爱,这些思想反映到家庭道德上,就要求婚姻自由,主张爱情是婚姻的基础,反对封建包办、买卖婚姻和等级门阀观念。这些都是我们建构社会主义家庭美德应该吸收的西方文明的合理内核。对此,我们应该采取科学的态度,站在当代中国的国情基础上来审视,吸取其合理因素,但对于其腐朽、颓废的因素则应坚决抵制。

（三）加强法制建设

法制与道德有着相辅相成的有机联系。法律的权威性可以保障家庭道德的遵守。对于少数违反家庭道德而触犯刑律的应予以严惩。但更重要的是要防微杜渐，应通过对因违反家庭伦理道德开始以触犯刑律告终的案例剖析，教育广大社会成员明确违法必违德。通过法制教育促进道德建设，使人们在遵纪守法中进而树立新的家庭道德观念，为家庭和睦、社会稳定、国家繁荣、民族昌盛作出新贡献。

（四）加强领导，动员全社会的各种组织和力量，齐抓共管

家庭伦理教育不仅仅是家庭内部的事情，而且是全社会的事情。在很大程度上，也只有通过全社会各种组织和力量共同关注人们的家庭伦理教育，才可能使之落到实处。比如：建立良好的社会风气，减少犯罪和黄赌毒等社会丑恶现象；建立健全的社会保障体系，使老弱病残者皆有所养；大力开展以家庭为单位的社会性文体活动，使更多的家庭注重家庭文化，提高家庭成员的整体素质；发挥宣传媒体的作用，通过广播、电视、报刊、电影、网络等传媒，树立正面大力宣传中华民族尊老爱幼、夫妻恩爱、邻里和睦的传统家庭美德形象，抨击不道德的行为等等。

（五）努力探讨新时期家庭美德建设的规律

随着发展社会主义市场经济和扩大对外开放，我国广大家庭已经和正在发生许多变化，家庭道德方面也出现了许多新情况、新问题。比如，婚姻家庭关系稳定性下降，草率结婚离婚、未婚同居、婚外恋等问题增多，重婚纳妾等现象死灰复燃。父母对子女溺爱、娇惯，重智育轻德育，同时出现了"代沟"；不赡养甚至虐待老人的现象有所发展；家庭暴力时有发生。这些问题如果不能很好解决，不仅影响家庭的稳定、社会的安定，也

不利于未成年人的健康成长。我们应该密切关注这些新情况、新问题，深入进行调查研究和理论思考，分析产生这些问题的原因，从中总结出规律性的东西，寻找解决问题的对策，把解决思想问题和解决实际问题结合起来，这样才能使家庭美德建设工作更有针对性，收到更好的实际效果，才能避免工作表面化和形式主义。

  探讨新时期家庭美德建设的规律还要结合不同地方、不同群体的特点，探讨其特殊的规律。我国地域辽阔，各地经济社会发展水平差异很大，精神文明建设的工作基础也不同。在经济不发达地区，农民家庭的主要矛盾是贫困、缺少文化；经济发达地区，农民家庭生活富裕了，但一些地方精神文明建设没有跟上，封建迷信、陈规陋习、赌博又有所抬头。在城市，不同阶层、不同职业、不同境遇的居民家庭也存在不同的问题。下岗失业人员的家庭忧虑的是生活没有保障，渴望再就业；单亲家庭担心的是孩子能不能健康成长。此外，随着城市居民居住条件的改善，邻里关系却淡漠了。因此，家庭美德建设工作必须根据不同地区的情况和不同家庭的需求，因地制宜，因人制宜，分类指导。这就要求充分发挥各个地方的作用，鼓励他们在实践中去创新。

第十二章

以德治国必须加强职业道德建设

我们中华民族有着五千年的文化积淀，其中关于人的道德修养的智慧比世界上任何一个民族都要丰富和全面。道德历来就是人们修身养性，完善自我乃至治国安邦的重要工具。职业道德是我国传统道德的重要组成部分。今天我国建设中国特色社会主义，建立社会主义市场经济体制，加强职业道德建设成为以德治国的一个重要方面。

市场经济体制确立后，我国在政治、经济、文化等方面发生了巨大的变化，各行各业职业化的发展非常快。市场竞争及就业压力使职业道德建设的重要性显现出来。比如，企业越来越重视职业道德建设，职业道德成为企业文化的重要内容，成为企业提高市场竞争力的重要途径。对于从业者个人来说，良好的个人品质和职业道德成为职业生涯良好发展的首要条件。从国家发展来看，职业道德的建设，成为我国建设有中国特色社会主义精神文明的重要方面，是提高我国综合国力，进行现代化建设的有力保障。

一、职业道德的由来及在现代社会的重要性

（一）职业道德与中国传统美德

1. 职业道德的概念

职业道德是社会道德的重要的组成部分，它是随着社会分工的发展逐

渐从社会道德中独立出来的。职业道德的概念来源于社会道德概念。道，古代原指道路，可引申为事物变化发展的规律、规则、道理等。德，表示对"道"认识之后，按照它的规则可以处理好事情，引申为人美好的品行。道德后来的含义主要指调整人们相互关系的行为准则和规范，有时也指个人的思想品质、修养境界等。马克思主义认为，道德是由社会的经济关系所决定的特殊知识形态，是以善恶评价为标准，依靠社会舆论，传统习惯和内心信念所维持的，调整人们之间以及个人与社会之间关系的行为规范的总和。人类社会要和谐发展，人和人之间要避免冲突，就需要一定的社会道德。比如社会道德要求人们做事要诚实，对人要讲信用；学生要尊重师长，经商要童叟无欺等等。违背了道德规则就会扰乱社会秩序，引起他人的敌对和反感，就会受到舆论的谴责和大众的排斥，从而使违背道德规则的人受到惩罚。职业道德是指所有从业人员在职业活动中应该遵循的行为准则，是一定职业范围内的特殊道德要求，即整个社会对从业人员的职业观念、职业态度、职业技能、职业纪律和职业作风等方面的行为标准和要求。具体来说，职业道德是人们在从事各种职业时要遵守的道德规范，它是社会分工发展到一定阶段的产物。它由工作准则、行为规范、评价机制、奖惩制度等构成，成为约束人们的职业行为的道德规范，形成了约定俗成的非强制性的约束机制。对于从事不同职业的人，道德规范既有共性的要求又有个性的要求。例如：爱岗敬业是对所有从业人员的共同道德要求，而从事服务行业的人员更多侧重语言文明，待人热情，从事教师职业的人更多要求以身作则，诲人不倦等职业道德要求。

2. 中国古代传统美德与职业道德的萌芽

（1）中华民族传统美德是今天社会主义职业道德形成的基础。

中华民族是有悠久历史和优良道德传统的伟大民族，产生了许多伟大的思想家。几千年来他们推动了中华民族伦理道德的形成，其中儒家思想对中华民族的道德观念影响最为深远，并且也影响了朝鲜、日本以及东南亚等一些国家思想道德的形成。

中华民族传统美德的主要内容：

①孝敬父母，尊老爱幼

孝顺父母是中华民族很重要的传统美德。也是儒家讲"仁"的一个重要思想。对子女来说，父母有养育之恩，作为子女应该知恩图报，对父母要孝顺、尊重。另外就是要父慈子孝，作为父母要爱自己的孩子，尽到做父母的责任。推而广之就是要"幼吾幼以及人之幼"，尊老爱幼是做人基本的道德规范。

②诚实守信，见利思义。

诚实守信是我国传统的做人规范。孔子说过"民无信不立"，诚信既是一个人的立身之本，也是一个民族、国家的生存之基。只有诚信的人，才能心智清明，择善而从。管子说"非诚贾不得食于贾，非诚工不得食于工，非诚农不得食于农，非信士不得立于朝"[①]，大意是不论从事贾（商）、工、农、士哪一种行业，都要讲究诚信，否则，就不要以此谋生。诚实做人，守信重义和见利思义是联系在一起的，要求人们见到财利要想到道义，不取不义之财。

③积极进取，自强不息。

《周易》曾有"天行健，君子以自强不息"，告诉人们应该发愤图强，勇于奋斗。中华民族的历史中发愤图强的故事很多，激励人们不为艰苦，勇于追求自己的理想。凿壁偷光、悬梁刺股、卧薪尝胆等故事为我们所熟悉，"宝剑锋从磨砺出，梅花香自苦寒来"成为家喻户晓的古训。

④敬业为公，精忠报国。

我国古代的敬业思想也是指导人们做人做事的重要道德标准。敬业就是要人们做好自己的分内之事，为了本职工作要钻研学习，精益求精，不惜牺牲个人私利。我国古代有大禹治水三过家门而不入及神农氏尝百草的敬业故事。我国古代无私敬业的道德还与报效国家的思想联系在一起。一个人为了国家和民族贡献自己的力量，不计较个人名利得失。在我国历史上，当国家处于危难之时，涌现出了屈原、岳飞、文天祥、郑成功、林则徐等许多爱国志士，他们或忧国忧民，或抵抗外辱，虽死犹生。

---

① 《管子·乘马》。

（2）中华民族传统道德中的职业道德萌芽。

在新中国成立之前，我国长期处于小农经济的社会经济模式，社会分工很不发达，人们的职业化特征并不明显。在道德中职业道德规范没有独立的标准。职业道德是和社会公德结合在一起的。我们可以从社会普遍的道德规范之中看到一些今天职业道德的萌芽。

①经商者"诚实守信，童叟无欺"。

对于商家而言，诚实经营，童叟无欺是自古以来基本的道德要求，既不欺骗小孩也不欺骗老人，做买卖诚实公平。见利忘义的商业行为为人们所不齿。

②从业者要"敬业"。

古人云"业精于勤而荒于嬉"，在中华民族的道德修养中，提倡一个人应该珍惜时间，勤于学习，有所成就，从而实现自己的人生价值。

③服务者要"和气"。

对于从事服务职业的人，古代有"和气生财"的说法。要求服务人员做到态度温和，语言委婉，让顾客感觉温暖、受到尊重，这可以说是早期的服务行业的道德规范。对于今天的服务行业来讲，依然是重要的职业道德要求。

④清正廉明的为官之道。

古人云："吏不畏吾严而畏我廉，民不服吾能而服我公……公生明，廉生威。"为官清正廉洁，为人正大光明可以说是自古至今对当官者的道德规范。

今天的职业道德规范是对古代道德观念的继承和发展。在市场经济高速发展的时代，信息传递越来越快。道德观念的变化体现了时代性、交融性，职业道德伴随高度发达的社会分工成为社会文明的重要组成部分。市场竞争和企业的发展也把对从业者的职业道德要求放到了越来越重要的位置，加强职业道德建设成为提升企业竞争力，提升我国在国际上的影响力的重要途径，也是建设社会主义精神文明的重要组成部分。

(二) 职业道德在现代社会的重要性

职业道德是社会道德的重要组成部分，自从有人类以来，道德就成为了人类文明的重要标志。道德具有调节人与人之间的关系，使社会和谐发展的重要功能。职业道德是今天人们进行职业活动的道德规范。对个人来讲，职业道德是人职业成功的保证，对企业来讲，职业道德是增强企业实力的手段，对国家来讲，职业道德是全民素质提高的途径。下面从几个方面分析一下职业道德的重要作用：

1. 职业道德与个人发展

马克思说过，"任何一个民族，如果停止劳动，不用说一年，就是几个星期，也要灭亡，这是每一个小孩都知道的"。人类正是通过劳动，使自身生存和发展，创造了今天的物质文明和精神文明。随着社会的发展，人类劳动进一步复杂化，职业化。职业劳动一方面是我们谋生的手段，另一方面又是我们生活的主要内容。工作既带给我们物质的满足又带给我们精神的丰富。在人的一生中，劳动的时间占的比例很大。现在很多研究证明，人的工作生活是一个整体，很多现代大公司把提高员工的"工作生活质量"作为管理的重要内容。

（1）职业道德助人事业成功。

每个人都希望能够事业有成，事业的成功离不开一个人知识的学习和聪明才智。但是古往今来个人成功的案例却表明，知识和聪明是远远不够的，凡是成功的人一定是具有高尚道德修养的人，一定是在工作中表现出良好职业道德的人。

这里有一个国外航空公司在中国招聘空姐的例子，可以说明这一点。

国际航空互联会是专为世界各航空公司提供航空培训服务的非盈利机构，此次是首次来渝。负责招聘的孙先生说，国外航空公司为进入我国航空市场，需要大量中国空姐，但成功招聘到的中国女孩仅一成左右。

和往昔招空姐人山人海的场面相比，这次应聘者只有二百余人，不过个个都是美女。相对于60个招聘名额，女孩们似乎看到了圆梦的最佳良机。不过，人数少并不意味着就能如愿入围。在现场，有人由父母代为拎包，有人在一旁化妆，由白发苍苍的奶奶代替排队。这些人给招聘单位留下不好的第一印象——孙先生说：空姐是服务员，需要别人为之服务的人，何来为他人服务的意识？

一位英语过了专业八级的女硕士走进考场，在第一关中不到一分钟即遭到淘汰，令众多应聘者惊讶不已。考官解释，她穿着长筒靴，笨重的步伐踏得地板作响。

又一位美女进场，但同样很快离去。考官说，她的确很漂亮，但不懂得微笑。还有人因目光游离出局——考官认为，应聘者的眼神应柔和而自信。

细节也让不少人落马——茶杯里的水喝完了，考官起身倒水，应聘者无人主动服务；地上有个纸团，应聘者熟视无睹……

考官表示，服务意识是外航最为看重的，我们要的是普通服务员，以自我为中心的女孩请走开。

缺少职业道德修养的人，在今天的就业竞争中很难获得就业机会，更谈不上职业的发展了。

（2）提高职业道德水平是提升个人全面素质的必由之路。

现在，很多求职者感叹，找工作难，找一个好工作更难。每年毕业的大批大学生、研究生都面临着巨大的就业压力。另外，很多用人单位却感叹，招聘到高素质的人才太难了！不是应聘者的专业知识缺乏，而是应聘者的职业道德状况令人担忧。什么是高素质人才？就是德才兼备的人。有才无德算不上高素质人才。恩格斯说："人来源于动物界这一事实已经决定人永远不能完全摆脱兽性，所以问题永远只能在于摆脱得多些或少些，在于兽性或人性的程度上的差异。"[①] 这说明了人的发展在于不断摆脱兽性，完善人性，而人性的完善在于道德的修养。人才，首先是一个有道德的人，其中职业道德修养是直接关系到一个人在工作中表现出来的全面素质，具备良好职业道德修养是高素质人才的一个标志。

---

① 《马克思恩格斯选集》第2卷，人民出版社1995年，第140页。

2. 职业道德与企业发展

(1) 职业道德建设是企业提高竞争力的途径。

众所周知,一个企业要在优胜劣汰的激烈竞争中取得优势,就得有一支高素质的职工队伍。良好的职业道德不仅可以带动企业整体素质的优化,而且可以增强企业的竞争力。从企业文化建设方面来讲重视企业内部职业道德的建设可以建立良好的企业人际关系,减少人际摩擦,提高企业的凝聚力。从企业在市场的竞争力来讲,一方面职业道德可以提高职工荣誉感,提高企业的社会美誉度,树立良好的企业形象。另一方面,在企业的生产过程中,职业道德可以促使职工提高生产效率,节省生产成本,推动企业的技术进步和观念创新。可见,职业道德是企业提高竞争力的保障。下面的例子会给我们很多启示。

在美国《财富》杂志公布的1999年全球500家最大企业排行榜中,戴姆勒—奔驰汽车公司排名第二,公司年营业收入1546.15亿美元,利润56.56亿美元。奔驰汽车成为世界著名的品牌,成功的秘诀完全在于其无可挑剔的质量,在于每一个职工极为严肃认真的态度和高度敬业的职业道德。奔驰汽车的推销员对顾客既诚恳又耐心,把交易的对象看成自己的亲人。奔驰公司的售后服务也是一流的,维修人员技术熟练,修车迅速,态度诚恳,热情周到。所有服务项目,工作人员都要当天完成。

员工的良好职业道德来自于企业的经营理念,奔驰汽车公司正是把员工的职业道德培养放到第一位,才创造了深入人心的汽车品牌,使企业长盛而不衰。

(2) 市场经济更要求企业的职业道德建设。

市场经济不仅讲功利、讲竞争,也讲道德、讲文明。从某种意义上讲,市场经济既是法制经济,也是道德经济。市场的竞争,其实就是消费者用钱给企业投选票的机制。只有那些对产品负责、讲诚信、积极进取,不断满足消费者要求的企业才会得到市场的认可,才会在市场上获得利润,才会不断发展。那些弄虚作假,只重眼前利益,不守法经营,缺少职业道德建设的企业早晚会在竞争中遭到淘汰。

3. 职业道德与国家发展

一个国家能不能成为世界强国，在经济全球化的今天，依赖于这个国家能不能培养出高素质的公民，有没有具有比较高的职业道德修养的人力资源条件。人才是一个国家强盛的基础，邓小平曾提出了"科教兴国"思想："我们国家要赶上世界先进水平，从何着手呢？我想，要从科学和教育着手"，"不抓科学、教育，四个现代化就没有希望，就成为一句空话"，明确把科教发展作为发展经济、建设现代化强国的先导摆在我国发展战略的首位。科教，离不开道德教育。高素质的公民，一定是有良好职业道德的劳动者。

世界很多强国的发展，都离不开国家公民的职业道德水平。16~17世纪荷兰海上贸易的发展离不开荷兰商人的诚信，第二次世界大战后日本的经济崛起离不开日本员工的勤奋敬业，现代美国的领先地位离不开美国人的奋斗进取精神。我们来看一个例子：

1596—1598年，一个有名的人叫巴伦支。他是荷兰的一个船长，试图找到从北面到达亚洲的路线。他经过了三文雅，现在一个俄罗斯的岛屿，但是他们被冰封的海面困住了。三文雅地处北极圈之内，巴伦支船长和17名荷兰水手在这里度过了八个月的漫长冬季。他们拆掉了船上的甲板做燃料，以便在零下40摄氏度的严寒中保持体温；他们靠打猎来取得勉强维持生存的衣服和食物。

在这样恶劣的险境中，八个人死去了。但荷兰商人却做了一件令人难以想象的事情，他们丝毫未动别人委托给他们的货物，而这些货物中就有可以挽救他们生命的衣物和药品。冬去春来，幸存的商人终于把货物几乎完好无损地带回荷兰，送到委托人手中。他们用生命作代价，守望信念，创造了传之后世的经商法则。在当时，这样的做法也给荷兰商人带来显而易见的好处，那就是赢得了海运贸易的世界市场。

荷兰成为近代资本主义发展的世界强国，有很多历史的机遇，但是荷兰商人的高尚职业道德为他们赢得了世界市场，使他们抓住了历史发展机遇。

二、我国职业道德现状分析

(一) 我国现阶段职业道德的主要内容

随着我国实行改革开放,市场经济的发展,人们的道德观念发生了很多变化,职业道德也有了适应新的时代的内容。随着具体职业不断地更新,各种具体的职业道德也不断涌现。从广义来说当代公认的职业道德要求有以下几个方面:

1. 遵纪守法,遵守职业纪律

现代社会是一个越来越重视法制的社会,遵纪守法是每个公民的基本义务。一个具有职业道德的从业者,首先应是一个遵纪守法的公民。一方面遵守国家法律,另一方面遵守工作中的职业纪律。俗话说"不以规矩,不成方圆",每个职业都有各自的职业规范。职业规范包括操作规则、规章制度、岗位要求等。如作为教师,就应做到热爱学生,无私传授知识,循循善诱,诲人不倦,对学生一视同仁,不分厚薄,关心学生思想进步,动之以情,晓之以理等教师的岗位要求,作为警察就要做到秉公执法,倾听群众意见,接受群众监督,不利用职权拉关系、谋私利,不徇私枉法等规章制度。作为司机,就要遵守交通规则,文明驾驶,等等。

2. 爱岗敬业,做好本职工作

热爱自己的工作,才能做好自己的工作。做好工作是一个人安身立命、发展自己的根本。一个人职业生涯的发展,首先就是做好本职工作,这包括首先要端正工作态度,珍惜工作机会,在工作中精益求精等很多内容,把自己的职业当做事业去经营。现代的人越来越职业化,工作已经与我们的生活不可分割,工作带给我们经济收入、社会地位、交往环境、精神健康等,爱岗敬业才会有快乐人生。另外从企业角度看,国内外许多现代化企业都把员工进行爱岗敬业教育作为企业文化建设的重要内容,这不仅提高了企业的人力资源素质,而且大大提高了企业的竞争能力,是企业现代化管理的一个重要内容。

3. 诚实守信，对企业忠诚

在今天的职业发展中，社会和企业对从业人员的诚信道德要求越来越高，无论是对求职人员的录用测试，还是对在职人员的总结考核，诚信方面的考察都是重要部分。诚实守信首先表现为从业人员忠诚于企业。忠诚企业表现为作为企业员工要诚实劳动，做好本职工作，遵守企业规章制度，遵守劳动合同，保守企业秘密。另外，还要关心企业的发展，把企业命运和自己的未来联系在一起；学习新的知识，为企业发展献计献策；有主人翁的责任感，把企业的荣誉放在第一位，在企业荣誉和自己利益之间把前者放在第一位。

4. 尊重他人，团结互助，有良好的团队意识

团结互助，有良好的团队意识是现代企业对员工的一个重要的培训内容。员工在企业中，要做到尊重他人，顾全大局，搞好同事之间、上下级之间的各种关系，这样才会使企业有良好的工作环境，有同心协力的集体力量，从而提高企业的竞争力。近年来企业人力资源管理案例显示，企业在招聘人员时，会对求职者的团队精神重点考察。专业能力较强，但缺少服务意识、自我中心、缺乏团队精神的应聘者会被淘汰。在企业培训方面，团队合作方面的培训受到欢迎，企业为此投入的资金不断增加。作为员工个人来讲，在企业中做到尊重他人，团结互助，才会做出自己的工作业绩，才有自己发展的机会。可见团结互助，团队精神成为现代社会对从业者基本的职业道德要求。

5. 积极进取，开拓创新

一个人除了做好本职工作之外，努力创造新的业绩，不断在业务上创新，是现时代对从业者新的职业道德要求。进取，要求员工具有不断超越自我的自我激励能力，所谓"不想当元帅的士兵不是好士兵"，员工的进取精神是企业前进的巨大动力。另外，进取又和创新是联系在一起的，创新，是人们运用现有条件，不断突破常规，创造新的价值。一个积极进取的从业者必是努力创新的，新的思想方法、文化观念、技术设计等各方面的开拓创新在今天的社会有着独特的意义。一个没有创新精神的民族是没有希望的民

族，一个没有创新精神的企业是没有前途的企业。在我国建设中国特色社会主义，发展市场经济的时代比任何时候都需要开拓创新的精神。

6. 公平公正，坚持原则

公平公正，坚持原则就是要求从业者在工作时要公正、公平，按照一定的社会标准办事，不能主观臆断、假公济私、放弃是非标准。尤其是在各种诱惑及压力面前更要坚持正确的标准，坚持原则。对于有一定权力地位的职业，要以国家和集体利益为重，不能以权谋私，徇私枉法。要做到廉洁奉公，一身正气，坚持原则，公平合理地办事。对于普通人来说，要明辨是非，对人公平，不偏听偏信，飞短流长，对人对事要坚持真理，办事公道，光明磊落。

以上只是概括了今天职业道德的一部分主要内容，职业道德的内容广泛丰富，有待于在今后的社会发展中不断地挖掘和丰富。作为新时代的从业者，层出不穷的职业提出了更多的职业道德要求。一个有良好职业道德的人，才会在职业生涯中不断上升；一个重视职业道德建设的企业，才会在竞争中不断发展；一个把职业道德作为精神文明重要内容的国家，才会推动经济、政治和文化的全面发展，成为世界的强国。

（二）我国现阶段职业道德发展存在的积极和消极因素

我国是一个有着五千多年历史的文明古国，文明的发展造就了中华民族博大而精深的道德伦理思想，培养出了具有传统美德的炎黄子孙。今天，我国职业道德的建设，继承了中华民族的传统美德，又在建设有中国特色的社会主义的过程中发展了社会主义精神文明和新的道德内容，提出了符合现代社会要求的职业道德标准。自从我国实行改革开放以来，我国的经济建设取得了巨大成功，国力蒸蒸日上，文化教育、科学技术也都取得了巨大进步，人们的职业道德水平在职业化不断发展的今天也得到了不断提高。

在市场经济日渐成熟的过程中，遵纪守法、爱岗敬业、积极进取、开拓创新、公平公正、坚持原则等职业道德内容被大多数从业者接受，并努力使自己成为具有职业道德的劳动者。这是今天我们社会职业道德发展的主流和趋向。例如李素丽、李国安、徐虎等劳动者在平凡的工作岗位上表现出了高度的职业道德修养，成为人们学习的榜样。

另外，在近年改革开放的过程中，受到市场经济和外来文化的负面影响，一些消极的观念也出现了，出现了道德滑坡的迹象。比如说过分强调个人利益，有些人在工作中损公肥私、收受贿赂，也有些人缺乏理想信念，追求享乐，在工作中缺乏敬业精神。在商业行为中弄虚作假，急功近利，造成了恶劣的社会影响。例如在政府官员中出现的李真、胡长清等腐败分子；一度泛滥安徽阜阳农村市场、由全国各地不良商人制造的"无营养"劣质婴儿奶粉事件；前两年的"熊猫烧香"病毒在短短时间内通过网络传播全国，数百万台电脑中毒等等。这些都表明职业道德建设必须加强。

另外，随着越来越多的独生子女大学毕业走上了工作岗位，他们身上存在的一些问题也引起了人们的重视。曾有调查显示当代大学生职业道德素养令人担忧，主要表现为自我为中心，缺少合作精神；不能吃苦耐劳，受不了委屈；追求享乐，缺乏敬业精神等等。职业道德教育要深入学校教育之中，当前我们在学校的德育教育之中做得还远远不够。

三、加强职业道德建设的思考

（一）国家应做的工作

今天我国在发展社会主义市场经济的条件下，要以德治国，构建社会主义道德体系，树立社会主义道德观、人生观、价值观，必须加强职业道德建设。职业道德建设是众望所归，是对我国未来发展影响深远的重要举措，探讨加强职业道德的有效途径和方法是一个现实问题。从国家方面来说，可以从以下几个方面入手。

1. 把职业道德建设放到建设社会主义精神文明的重要位置

邓小平曾提出过"两个文明一起抓""两手抓，两手都要硬"，精神文明建设是我国在建设有中国特色社会主义过程中一直高度重视的。而职业道德本身就是精神文明的重要组成部分，职业道德建设要成为精神文明建设的重点，常抓不懈，形成重视职业道德的社会风气。针对各行各业的特征制定各行业的具体规范，找一些典型出来，扩大职业道德建设的社会影响，引导社会发展潮流。尤其对影响面比较大的社会公职人员，要纠正不正之风，重点监督其职业道德状况。

2. 把职业道德建设落到实处

职业道德建设不能只是空洞的口号。我国现在的职业道德建设对于社会的发展来讲还远不够，要把职业道德建设与个人的利益联系起来，给予具有良好职业道德的先进工作者更多的物质奖励，会起到良好的社会影响。另外也要对各行各业从业人员加强职业道德培训，把职业道德作为考核的重要标准。建立各种对职业道德的监督机制，形成各种相互制约的力量。

3. 把职业道德建设作为学校德育的重要内容

在我国今天小学至大学的普通德育中，还没有专门针对职业道德建设的专门课程，应该说这是一个很大的疏忽，尤其是大学阶段。即将开始职业生涯的大学生对职业道德还没有明确的概念，这对他们的职业道德培养是很不利的。难怪很多企业抱怨，要找到德才兼备的人才太难了。据一些专门的调查发现，企业对就业大学生、研究生最不满意的就是其职业道德的缺失。要在学校教育中加强职业教育，这对今天的职业道德发展具有重要意义。

4. 以法律形式促进职业道德建设

道德以法律为后盾，没有法律保障的道德，是软弱无力的。在法制建设中完善关于约束人们职业行为的法律条款，规范人们的职业行为。在职业活动中造成触犯法律后果的行为，要受到法律的制裁。例如，对领导干部的贪污、渎职现象及从事财会工作的人员对财会制度的不能遵守等就涉及法律问题。

5. 挖掘我国传统美德中的职业道德内容并发扬光大

中华民族传统美德是今天职业道德的基础，应该大力挖掘。要在今后我国的文化发展上加强传统文化、传统美德对社会文化和道德的影响。一方面保留中华民族在道德文化方面的宝贵遗产,一方面增加今天中华民族的自信心、自豪感和凝聚力,这对今天的职业道德发展具有重要意义。

(二) 个人应做的工作

1. 树立正确的人生观、价值观

什么是正确的人生观?就是要以积极向上的思想为指导,关心社会和他人,勇于承担社会责任,认为人生的价值在于贡献而不是索取。一个人有了正确的人生观、价值观才会在职业活动中有自觉地遵守职业道德,形成良好的职业道德品质。

2. 学习职业规范,明辨是非标准

每个人在进行职业活动中都要掌握专门的职业道德规范及基本知识。知道什么是该做的,什么是不该做的,提高加强职业道德修养的自觉性。

3. 严格要求自己,向模范人物看齐

在我们身边,都会有在各行各业中做得好的人物,我们可以时常对照,检查自己,及时纠正自己的缺点不足,逐步使自己走向完善。

另外,从企业角度来讲,企业具有非常积极主动的力量来加强本企业的职业道德建设。因为职工的职业道德水平直接影响企业的发展,所以有远见的企业把职业道德建设作为企业文化建设不可缺少的重要组成部分。各企业可以根据自己企业性质及特征做好针对员工职业道德的监督、奖惩、培训等各方面工作。

总之,以德治国,必须加强职业道德建设。以德治国的具体实施就是以职业道德、社会公德、家庭美德的建设为落脚点,建立与社会主义市场经济相适应的,与社会主义法律体系相配套的社会主义思想道德体系,并使之成为全体人民普遍认同和自觉遵守的行为规范。其中职业道德建设在今天的社会发展中有特别重要的意义。只有具有良好职业道德水平的劳动者,才会有国家经济的发展,才会有强大的精神动力支持,以促进我国社会主义现代化建设,推动社会主义事业不断前进。

第十三章

以德治国必须加强社会公德建设

在依法治国这个大的国策背景下加强社会主义德治建设，应该包含我们用以建设和谐社会的一个目的，即突出以人为本的社会主义核心价值，注重公民的德治教化，努力提高全体社会主义公民的精神素养。而"以德治国"中的一个重要任务就是必须加强社会公德建设。这种公德是指人们在履行社会义务或涉及社会公众利益的活动中应当遵循的，与私人修养相区别的公益道德准则。法制是社会主义政治建设的重要手段，依法办事突出的是社会主义政治文明和公平合理的社会秩序，但是法律对社会公民的约束力永远是在一种被动的模式中展开的，有事后性，属于一种社会规范的消极防范措施。而德治则充分体现了政治文明建设中积极主动的因素。一个国家，一个民族或者一个群体，在历史长河中，在社会实践活动中会积淀下来某种道德准则、文化观念和思想传统，形成公德意识。社会公德作为一种无形的力量，约束着我们的行为。只有遵守社会公德的人，才会被人们所尊重。那些违反社会公德的人，将被人们所不齿。社会公德的内容并不是一成不变的，随着历史的演变也将变得更加丰富多彩。但无论一个社会在历史中如何变迁，在一定时期内，它对道德的整体理解上有着相对稳定的规范性，成为制约社会整合的内在原则。通过加强全体社会成员在道德意识领域的认知，特别是随着社会公德教育的拓展，使得全体社会主义建设者在认识到自己与他人的行为必须保证一定的规范，才能达到社会共赢的模式，才能使社会和谐并且个人幸福感最大化。这种积极主动的社会教化的力量，是我们在社会主义公德建设中所致力追求的结果，从而也可以最大程度地节省社会治理成本。

一、对社会公德的基本理解

社会公德就是人们在社会公共生活中应当遵守的行为准则，是社会文明的标志。加强社会公德建设，建立良好的社会运行机制，对推进社会主义物质文明与精神文明建设的协调发展，提高我国公民素质，创建一个安定、文明、祥和的社会有着十分重要的意义。

社会公德范畴在早期人类社会中与风俗习惯等结合在一起，随着人类社会三次大分工的出现，人与人、人与社会、人与自然的关系日益复杂，需要专门的规范进行调节，于是社会公德就从风俗习惯中分化出来，取得了独立的形态。资本主义社会的出现，使得社会公德的内容大大增加，由于有了日益增多的城市，人口密集，活动性大，交通发达，医院、学校等公共设施增多，尤其20世纪中后期，随着信息技术和经济全球化的发展进程，国际交往更加频繁、快捷，过去根本不具有道德意义的行为，在现代社会中已经进入到道德领域，成为社会公德调节的对象。私人生活领域的行为方式和随着公共生活领域的拓展，使公德问题日益成为人们关注的重要对象。所以，社会公共空间的扩大，必须使社会公德内容扩大，其重要性也在提高，不讲公德，人们将无法生活。社会公德成了社会运行良好的重要保证。

在社会主义社会中，公德是社会中全体成员共同利益的反映，社会文明的标志，也是社会主义道德体系的重要组成部分。社会公德的内涵极其丰富。党的十四届六中全会做出了高度的概括："文明礼貌，助人为乐，爱护公物，保护环境，遵守法纪。"其具体内容有三个：一是反映人与人之间关系的公共交往公德，如尊老爱幼、善待弱者、诚实守信等；二是反映人与社会之间关系的公共场所公德，如遵守公共秩序、爱护公共财物、维护公共利益等；三是反映人与自然之间关系的人类环境公德，如讲究卫生、保护生态环境、珍爱生命等。它既包括起码的社会生活准则，也包括国家要求全体公民遵守的更高层次的道德规范,其内容和要求不仅渗透并融会于家庭道德和职业道德之中,而且与社会主义道德乃至共产主义道德相互联系。社会公德不仅是家庭道德和职业道德的基础,也是整个社会主义道德体系的基础。它涵盖了人与人、人与社会、人与自然之间的关系。在现代社会中,随着公共生活领域的不断扩大,人们相互交往的日益频繁,社会公德在维护公共利益、公共秩序,保持社会稳定方面的作用更加突出。

二、转型期凸显的社会公德问题

当前我国社会转型期,部分社会成员在公共道德方面所显现出的素质明显同社会公德的要求有很大差距,这和我国致力于建设和谐社会的目的相冲突,公德教育越来越成为一个突出的问题。当下的社会公德问题越来越成为党中央所密切关注的对象。在中央发布的《公民道德建设实施纲要》中明确指出:"我国公民道德建设方面仍然存在着不少问题。社会的一些领域和一些地方道德失范,是非、善恶、美丑界限混淆,拜金主义、享乐主义、极端个人主义有所滋长,见利忘义、损公肥私行为时有发生,不讲信用、欺骗欺诈成为社会公害,以权谋私、腐化堕落现象严重存在。这些问题如果得不到及时有效解决,必然损害正常的经济和社会秩序,损害改革发展稳定的大局,应当引起全党全社会高度重视。"公德的"缺失"是社会公德教育缺乏实效性的主要表现。我国传统文化以政治和伦理为核心,教育以德为先、以德为重的传统,使重德教育成为我国教育的最鲜明特色。随着国家建设重点的转移,重德教育逐渐为重技教育所取代,道德教育的核心地位和作用有所减弱。目前公德水平低落已经成为一个较为普遍的现象,这种公德"缺失"现象简单归纳起来主要有以下三个方面:

(1) 在人与人之间关系上,一方面,以自我为中心,个人至上,"自尊"之极,肆意侵犯他人合法权益,损人利己、利令智昏。如小到公共场所因一点小摩擦、小碰撞,就往往恶语相向;大到假酒、假药等现象相当严重。另一方面,"自重"不足,美丑不分、善恶不辨。一些人信奉"俭朴无能,奢华风光"的信条,更有甚者斗富比阔等等。更令人担忧的是,如此严重失范的行为举止,却不时引得一些人的喝彩与响应。

(2) 在人与社会关系上,一方面表现为损害社会公共利益,破坏公共秩序,如在公共场所随地吐痰、乱抛废物、破坏公用电话设施等等。另一方面则表现为唯利是图,损公肥私,盗卖公共设施,侵吞国家财产,贪污腐败,权钱交易等等。在某些人的眼里,廉洁已经成为"呆板、僵化、保守"的形象,而腐败行为却成了"敢闯、敢干、会办事"。一件件"豆腐渣"工程的曝光,一桩桩贪污受贿案的揭露诉说着不争的事实,而当国家、集体、人民的生命财产安全受到威胁时,有些人不仅坐视不见,甚至对挺身而出、见义勇为者冷嘲热讽,挖苦打击。

(3) 在人与自然关系上,许多人仅从一己私利或小团体利益出发,无视人类生存与保护自然环境的客观要求,竭泽而渔、杀鸡取卵,以污染、恶化环境的沉重代价换取一时的经济增长。对自然的野蛮索取致使生态平衡遭到破坏,人类生存环境日趋恶化。

三、公德困境的成因分析

上述在我国现阶段表现出来的公德缺失的困境,其形成有着多种原因,如果简单地归结为社会公德教育的缺失,是不尽然的。中国以一个历史悠久的国度,俗称礼仪之邦,在长期的历史过程中,我们形成了一整套的传统价值观念,这些观念构成千年以来中国人的基本认知。今天,社会主义中国在现代化建设的路途上,关于社会公德问题的拷问,却又将这些新旧交替的问题推向前台。中国要进入现代化,必将走依法治国的道路,同时加强德治教化力量,因此,如何进行行之有效的社会公德教育,我们必须对公德问题的成因做一具体分析。

（一）公德建设缺乏积极的生长土壤

在公共生活领域狭窄，公德建设缺乏积极的生长土壤。漫长的封建社会历史和迟缓的经济发展速度，致使我国的公共生活领域极其狭窄，公德建设缺乏应有的实际意义。"物质生活的生产方式制约着整个社会生活、政治生活和精神生活的过程。不是人们的意识决定人们的存在，相反，是人们的社会存在决定人们意识。"① 几千年的封建历史，使中国人长期处于强权的欺压之下，人们生活在一个等级森严的社会之中，"家天下"的帝王需要的是俯首帖耳的臣民，而不是指点江山的勇士。由于生产力水平的低下，人们的日常生活被死死地固定在有限的家族之中，以孝为本的文化体系将人紧紧地维系在有限的家族生活空间之中。知有家而不知有国，知有宗族而不知有民族，血缘和宗族的捆绑之下所建立起来的只能是由近及远、推己及人的道德体系。"独善其身"的个人意识很强，而"相善其群"的社会意识则很弱。注重更多的是主观形态的个人修养，对社会公德的设计无需顾及。公德建设对统治者来说没有存在的必要，对百姓而言也无现实的意义。

（二）重私德轻公德的习惯性思维仍顽固存在

一般来说，公德与私德是相对而存在的。私德是指个人私生活方面的道德品质，即人们在私人生活和私人交往中应当遵守的道德准则。私德不涉及对社会的义务和责任，它是在处理父子、夫妇、情侣、师徒（生）、乡亲之间的关系中所表现出来的行为和品质。进入近代社会以来，不少思想家认为，中国人历来缺乏公德，只有私德。梁启超指出："旧伦理所重者，则一私人对于一私人之事也。"② 中国伦理道德中的父子、夫妇、兄弟、朋友是"一私人对于一私人之事"；君臣之伦理，也是"一私人对于

---

① 《马克思恩格斯选集》第3卷，人民出版社1995年版。
② 梁启超：《论公德》，中州古籍出版社1998年版。

一私人之事",因为君臣一伦所讲的是"两个私人感恩效力之事耳"①。所以梁启超说:"我国民所最缺者,公德其一端也。"另一位思想家梁漱溟也指出了这一点,他比较了中西方的伦理思想道德观念,认为在伦理思想道德观念方面,中西方最显著的不同有两点:"一则西方人极重对于社会的道德,就是公德,而中国人差不多不讲,所讲的都是这人对那人的道德,就是私德。……一则中国人以服从事奉一个人为道德,臣对君,子对父,妇对夫,都是如此,所谓教忠教孝是也。"② 中国人之所以缺乏公德传统,梁漱溟认为其原因在于中国人缺乏集团生活,中国人的生活重家族生活,以家族生活为中心。

(三)社会凸显着功利主义与"非道德主义"倾向

我国要建立社会主义市场经济体制,这一新的体制无疑给我国带来了巨大的活力。但是,也带来了诸多的负面影响。当市场经济在中国获得合法地位之后,人们在经济活动中追求个体物质利益也随之取得了伦理上的合理性认可。但随着个体谋利的原有社会禁锢和道德禁忌的解除,不只是单纯获取个体物质利益的原始冲动成了经济行为的动机和诱因,而且这对个体物质利益的最大化追求在不少个体那里达到了放肆无度的地步。于是,道德在主观上被驱逐在经济活动之外,物质主义、拜金主义和享乐主义则成了支配不少经济活动主体的基本信条。社会经济生活决定人们的伦理道德观念。市场经济的负面作用,"经济人"具有的强烈的趋利性,必然在一定时期内导致人们把重利轻义作为人生哲学的信条,把功利视为一切行为的杠杆,于是"义利交换""按酬付劳""权钱交易"成为今天社会的一大景观。人们的功利主义倾向越来越明显。社会公德建设面临困境的一个重要原因,就是人们越来越偏重于从个人或少数人的功利出发,来考虑是否遵守和履行公德规范。

很明显,市场经济以个人为出发点的社会价值理念明显冲击着我国的

---

① 梁启超:《论公德》,中州古籍出版社1998年版。
② 梁漱溟:《东西方文化及其哲学》,《梁漱溟全集》第1卷,山东人民出版社1989年版。

集体主义观念。这种新的道德理念使社会人在传统人伦观念中无法实现自身的社会道义和价值，人们对新形势下的市场经济所带来的社会规则明显缺乏理解。如此一来，旧的社会公共规则被打破，而新的规则体系却无法建立，成为转型期中的一个普遍现状。近年来，我国社会公德出现问题，社会公德建设面临尴尬的困境，一个重要原因就是人们缺乏起码的规则意识或者是对规则的漠视。道德领域的"规则"，可以理解为"规范"或"规则意识"。或者"规则精神"，可以理解为对规则或规范的知晓以及对规则或规范的精神支持。一个中国记者在欧洲目睹到这样一幅情景：公园的一处草坪飘动着许多五颜六色的气球。原因是公园规定，当春天新草萌生的时候，这片草坪暂时不许入内，于是人们连孩子玩耍的气球掉入其中也不去拾取。虽然对公共生活规则的遵守都是基本的义务，它们却需要一种高度尊重规则或规范的精神的支持。而这种新规则的建立，正式提出了中国在继承传统模式上如何建立新秩序的任务。

（四）非道德性思潮有流行的趋势

传统小生产意识和当今消费文化下的非道德思想相结合，演化出新的社会公德困难。由于我国小生产的道德意识广泛存在，社会主义市场经济体系建立后对于市场经济相适应的竞争观念、效益观念等基本观念不理解，不知道市场经济中应遵守的公德。由于西方价值体系的冲击，在一定时期和范围内，造成了拜金主义盛行，社会公德滑坡。再者，由于消费文化的兴起，非道德性思潮近年在我国有流行的趋势。它在思想上提倡极端个人主义和颓废主义，以自我为中心，反对任何道德约束，在行为上主张放任自由，以虚无主义的行为方式对待社会道德理想和行为规范。以上二者观念一经结合，必然出现唯利是图、尔虞我诈，漠视他人利益，为了巨额的经济利益铤而走险等现象。从而虚伪的表面繁华的背后，充斥着人际关系的淡化，信用的危机，对社会主义市场经济建设冲击很大，对当代中国人的行为方式和社会稳定构成了极大的危害。

四、关于社会公德建设的一些思考

党的十四届六中全会决议在确定社会主义道德的核心（为人民服务）、原则（集体主义）和基本要求（爱祖国、爱人民、爱劳动、爱科学、爱社会主义）的同时，对三大道德领域（社会公德、职业道德和家庭美德）确定了具体的道德规范。评价国人的道德实践，三大领域比较起来，我们认为最薄弱的领域乃是社会公德，这一特点由来已久。早在民国初年，梁启超认为，对中国"数千年之道德"，"不可不深长思也"。在梁看来，"我国民所最缺者，公德其一端也"。"吾中国道德之发达，不可谓不早"，然而，"偏于私德，而公德殆阙如"。"无公德则不能团结，虽有无数束身自好、廉谨良愿之人，仍无以为国也。"因此，梁主张学习西方的"新伦理"，即"社会伦理""国家伦理"，也就是培植和增进国民的公德意识。①继柏杨发表《丑陋的中国人》之后，更多的当代中国人开始关注他人眼中的中国人之形象。不得不承认，近一个世纪过去了，梁先生的观点在今天仍具有发人深省的意义。如何能够在中国现代化建设过程中，使社会主义道德观念和经济建设配套发展，从而实现和谐社会的建设目标，我们认为应当努力加强以下几个方面。

（一）必须加快社会主义市场经济建设的步伐

首先，市场经济为道德建设奠定着坚实的物质基础。"每一历史时代的经济生产以及必然由此产生的社会结构，是该时代政治的和精神的历史的基础。"② 市场经济体制的完善，可以有力地推动社会走向民主化和法制化，为社会的精神文明打下坚实的基础，使公民的道德建设具有真正的

---

① 梁启超：《论中国国民之品格》，王德峰编：《梁启超文选》，上海远东出版社1995年版。
② 《马克思恩格斯选集》第1卷，人民出版社1995年版。

社会意义。其次，社会公德的存在根据和发展动力来源于公民社会活动形式和内容的不断扩大，而这些只有在市场经济条件下才能获得。有人错误地认为当前社会公德状况的不理想是由市场带来的，其实社会公德建设所面临的困境恰恰是由于市场经济不够完善和不发达所造成的。马克思曾经赞扬道，市场是"天然的平等派"，这里面不仅仅是指市场具有等价交换的内在机制，实际在人类文明形态上也是一种积极的肯定，因为市场是资本主义生活方式的主要形式。在这个形式中平等交换还包含着对人身自由的肯定和高低贵贱的个人身份的解脱，资本主义的合理文明形态对封建社会落后文明形态的战胜，社会公共领域的扩张，以及对以前以私人为中心的道德领域的超越。由此市场经济成为社会制度民主化、法制化的生活载体。正如我们前面所论述的，中国的传统文化中充满了以私利为中心的血缘家族的利益结构模式，这种模式正好和当今社会主义建设所要求的多元和谐进步的社会发展观念冲突甚大。费孝通曾在《乡土中国》中将这种社会生活的模式称为"熟人社会"，其意义就是和现代文明结构的法制社会所假设人群"陌生人的社会"做一对比。而从"熟人社会"向"陌生人的社会"转型的最有效的社会生活的方式的改变就是市场化，市场主体的生活原则就是相对平等地在一个陌生的社会中对一种没有偏私的公共道德及法律秩序的遵循。循此，传统社会向现代化社会的转型才可以完成，突破传统道德意识的束缚，社会主义公共道德建设才得以建立和实现。市场的不断发展，市场法则的逐步完善，会使身处其中的主体的投机行为的活动空间被逐渐挤压，缺德代价迅速提高，自然会从根本上极大地降低违德行为发生的频率，净化社会风气，推动公德建设走上良性发展的道路。同时，通过市场内在的激发作用，可以促使公民积极参与到社会的政治、经济和文化活动之中，自由地发挥自己的才智和潜能，充分体验到自我存在的意义和价值，从而有效地培养公民的现代道德观念以及良好的道德行为习惯。

(二) 必须重新树立现代社会的伦理价值体系

加强公德教育是新时期道德教育最重要、最基础的目标，现代道德教育必须强化"公德优先"。现代社会的重要特征是工业文明,社会化大生产使人们的全部社会关系不断革命化。在人与人、人与社会、人与自然这三个基本关系上,都增添了传统社会很少涉及或根本不曾有过的崭新概念与涵义。在人与人关系方面,现代社会的生产方式决定了广阔频繁、多方位的人际交往。并且这种人际交往又主要地或经常地发生在社会大众层面,表现为个体与社会前所未有的紧密联系。由于现代社会公共生活的领域日益扩大,人们举手投足无不关系和影响着社会秩序、社会安全、社会公益,涉及其他社会成员的利益和生活方式。因此,个体在社会公共生活中的道德性比以往任何一个历史时代都重要。纵观人类社会道德发展史,公德作为社会生活的共识性准则始终与文明的发展同步,社会越发展,公共生活领域越扩大,社会公德规范就越多。因此,社会公德作为起码的社会准则与共同的道德认识,是一个人的道德基础。只有自觉地以社会公德规范自己、约束自己的人,才有可能去践行社会主义道德,并进而达到共产主义道德的崇高境界。也正因为这样,社会公德建设是我国社会主义精神文明建设的重要组成部分,对社会公德的培育、教育应成为我国社会道德教育长期的最基本的目标,才能从根本上保证公德教育取得长远的实际效果。

(三) 必须增强道德规范内容的科学性

作为实践性,道德建设有着特殊的实践特征。人是主体也是客体,人是起点也是终点,人是目的也是手段。在建立道德规范体系时必须坚持以人为本,实现四个统一,即一元与多元的统一;他律与自律的统一;理想与现实的统一;权利与义务的统一。牢固树立认识人、理解人、尊重人的科学理念。所谓一元与多元的统一,就是要在弘扬主旋律的同时,允许多样性的存在,不能人为地追求整齐划一。所谓他律与自律的统一,就是要在不断完善道德规范,强化道德他律机制的同时,不要忘记实现人的自律才是道德建设的最终目标。所谓理想与现实的统一,就是要在谈"适应"的同时不能忘记"超越",不能因一味强调对社会现实的"适应"而背弃了道德本身对人行为的指导和"超越"价值,当然脱离实际的美丽的"超越"也只会把道德建设引上歧途。而权利与义务的统一追求的则是道德规范的合理性和科学性,道德的内涵并不只是意味着付出,道德也蕴含着应有的获得,权利与义务的平衡是重塑国人公共道德的制度保障。义利统一,德福相随,才是建构道德规范体系应该的价值追求。

(四)必须规范社会公德,健全奖惩机制和监督机制

社会公德规范化可以使社会公德教育逐步和法律法规相衔接,使人们的行为朝着明确的秩序化、规范化方向发展,这是确保社会公德教育取得实效的关键。奖惩机制是当前社会公德建设的关键所在,对遵守社会公德的公民,让他们得到自己希望得到的东西,如保护其合法权益,给以物质和精神上的奖励及其他政策性优待和鼓励。对违反社会公德的公民,剥夺他们不愿失去的东西,如批评、警告、责令悔过、罚款、加倍赔偿、吊销有效证件及逐出市场等。要奖励助人为乐、见义勇为的人,并成立见义勇为基金会;对那些见死不救、乘人之危敲诈勒索、损公利己的违背社会公德的行为,不仅舆论谴责,还要给予法律上的制裁。奖惩机制在市场经济条件下,对人的行为调控极为有效。正是在这种情况下,现今的一些国家或地区甚至把公德同法律法规相衔接。一般来说,一个国家法制的完善程度和社会道德的状况往往成正比。法制越是完善,社会公德教育的实效性便越强,社会公德状况也越好。

总而言之,社会公德建设是一项复杂而艰难的工程,同时也是社会主义德治体系中的一个重要环节。它既有赖于我们社会中每一个人参与,又依赖于全社会的共同努力。在新时期,要大力加强社会公德建设。只有这样,才能使我们国家加快经济发展,迎接知识经济、信息时代严峻挑战,使个人价值与社会价值相结合,促进物质文明与精神文明协调发展,使两个文明获得双丰收。

第十四章

以德治国与构建社会主义和谐社会

构建社会主义和谐社会离不开对中国传统伦理道德的扬弃，应以优秀的传统道德架构为基础，赋予传统和谐思想以现代意蕴。"和谐"是中国传统文化的精髓和重要价值观，从古为今用的原则出发，运用现代科学精神和科学方法，汲取传统的和谐文化中的有益养分，这对于我们构建现代和谐社会具有重大的理论和实践意义。

一、中国古代哲学中的德治思想与构建社会主义和谐社会

"和谐"是中国儒家伦理思想的主要范畴，也是中国传统文化的主要特征。早在公元前11世纪，周公就提出了"惟德是辅"的主张，倡导道德辅政。孔子则在治国方略上明确提出了"为政以德"的思想。主张用"德""礼""乐"教育民众、治理国家。老子《道德经》中写道："修之于身，其德乃真；修之于家，其德乃馀；修之于乡，其德乃长；修之于邦，其德乃丰；修之于天下，其德乃普。"先哲认为，人生活在社会中，不管是治国、做人、持家、为文、从教、经商，都要把伦理道德放在第一位，自觉接受伦理道德规范的约束，以形成和谐的人际关系和良好的社会秩序。这些优秀的传统和谐思想道德都应成为我们今天构建和谐社会的重要思想资源。

从古至今，伦理道德已成为人们价值观形成的思想道德基础，并渗透到社会生活的方方面面，影响着人与人、人与社会、人与自然的关系，进而影响整个社会的发展。当代，中国共产党提出构建社会主义和谐社会，同样离不开对中国传统伦理道德的扬弃。"可以说，从孔子的'礼之用，和为贵'到陶渊明的'世外桃源'；从中国老百姓所喜闻乐见的'和衷共济'、'家和万事兴'等说法，到洪秀全的'太平天国'、康有为的《大同书》和孙中山的'天下为公'，都体现了一种对平等、富裕、文明、和谐社会的美好追求。"①

中国历史上对和谐社会的描述，最广为人知的就是儒家的"大同"社会的理想。在儒家的思想体系中，社会状态分为三个层次，即乱世、小康、大同。在这种"大同"社会里，人们"老有所终，壮有所用，幼有所长，鳏寡孤独废疾者皆有所养"。《孟子》中也讲到"老吾老以及人之老，幼吾幼以及人之幼"，"亲亲而仁民，仁民而爱物"，都是将爱心由家庭向外延伸，这是一种开放的和谐。政治方面，则是实行贤能君子治国，讲求信用，促进社会和睦；在经济方面要求各种物品都能充分利用，各人都为建设出力，但不是以利己为目的。在这个"谋闭而不兴，盗窃乱贼而不做，故外户而不闭"的大同社会中，涵盖了儒家对社会关系、民生、就业、道德伦理、选拔人才、经济运行等方面理想的描述②。在天人关系上，孔子的"知天命"而"重人道"，孟子的"顺天者存，逆天者亡"。儒家思想中的"仁、义、礼、智、信"等思想，对今天我们构建和谐社会，加强道德建设都有一定的影响。

（一）儒家的"和""合"之道

"和"的思想和观点在我国传统文化中源远流长、影响巨大。以人伦关系为核心关注的儒家，对"和"进行了最为深入的探究，不仅揭示了

---

① 李君如：《社会主义和谐社会论》，人民出版社2005年版，第12页。
② 韦前：《和谐社会思想：从传统到现代的超越》，《学术研究》2005年第1期，第141~144页。

"和"的内涵，而且指出了实现"和"的途径，其中的一些观点对于我们今天构建社会主义和谐社会仍有一定的借鉴意义。"和"与"合"是儒家伦理思想的重要内容，前者强调的是不同思想观念和利益需要之间的协调，后者强调的是主客体一致意义上的"天人合一"或"天人合德"，二者统一于社会关系以及人与自然关系的双重和谐中。儒家的所谓"和"，不是无原则的"同一"，而是在保持个性基础上的"统一"。《国语·郑语》中说："夫和实生物，同则不继。以他平他谓之和，故能丰长而物归之；若以同裨同，尽乃弃矣。"意思是世间万事万物的生存发展之道在于不同事物之间的相互平衡、相互协调，而不是同一事物的简单相加。孔子将这一思想引申到人伦关系之中，强调"君子和而不同，小人同而不和"①。危机频现的今天，儒家"天人合一""天人合德"的思想引起了人们的广泛关注。

随着经济社会生活日益多样化和人们思想活动的独立性、选择性、多变性、差异性明显增强，进一步研究儒家"和而不同"思想观念弘扬其合理内涵，对于形成既思想统一、人心凝聚，又百花齐放、百家争鸣的和谐社会氛围，无疑是必要的。

（二）儒家的德教为先之道

孔子则在治国方略上明确提出了"为政以德"的思想。"德"在西周统治者那里主要与维护自身的统治有关。它在很大程度上是为了治理民众，从而保有周家王朝的"天命"而提出来的。但在孔子那里，"德"已变成纯粹个人道德修养的范畴，成了"君子"所应遵守的各种伦理道德的准则②。这些伦理道德表现在处理各种人际关系上，包括对父母的孝，对兄弟的友，对朋友的信，对上司及一切与己交往之人的忠，对民众的宽、惠，个人独处时的恭、执事时的敬等等。而其要旨，则是"仁"。"仁"

---

① 《论语·子路》。
② 夏金艳：《儒家德育思想对当前德育的借鉴意义》，《重庆工学院学报》2006年第3期，第99~102页。

是君子所追求的价值观和人生观的综合体现，是"至德"，即君子最高的道德境界。照孔子的解释，"仁"要求具有多种好的德性，如：樊迟问仁，孔子曰"居处恭，执事敬，与人忠"①；子张问仁，孔子曰"能行五者于天下为仁矣"，又请问之，曰："恭、宽、信、敏、惠。"② 但所有这些德性，必须有一个根本出发点，这就是"爱人"。还必须对自己有所克制。故樊迟问仁，孔子答以"爱人"。颜渊问仁，孔子又答以"克己复礼为仁"。"爱人"与"克己"都是"仁"的基本要求。因此，必须在任何场合做任何事情时都要坚持："君子无终食之间违仁，造次必于是，颠沛必于是。""仁"是志士仁人一生追求的目标："士不可不弘毅，任重而道远。仁以为己任，不亦重乎；死而后已，不亦远乎。"③ 这样，孔子就为所有有道德追求之人树立了一个明确的道德终极目标。

（三）儒家的礼乐教化之道

礼源于各种原始的巫术礼仪、图腾禁忌，所以祭礼是礼的集中表现，有关祭礼的规定也是当时社会内部各种人际关系的反映。阶级社会出现以后，统治者为了维护自身利益，在天的名义下将礼演变为巩固其统治集团地位的等级制度。特别是自周公创设"周礼"以来，"礼"的主要目的之一便是为政治统治服务。"周礼"的作用就是划分人们的上下尊卑贵贱，严格规范人们行为的等级制度。孔子继承了这一思想，他也认为由礼所规定的贵贱尊卑关系是保证社会处于有序状态的关键。孔子在以下几个方面进一步改造了周礼，使"礼不仅是一种在全面范围内推行的政治制度，而且是维护普通民众利益的手段"④。第一，在治理国家方面。孔子认为以"礼"来教化引导民众是最有效的方式之一。"道之以政，齐之以刑，民免而无耻。道之以德，齐之以礼，有耻且格"⑤，用刑法等法治手段来惩罚

---

① 《论语·子路》。
② 《论语·阳货》。
③ 《论语·卫灵公》。
④ 吴龙辉：《原始儒家考述》，中国社会科学出版社1996年版。
⑤ 《论语·为政》。

不道德的人或事，人们虽犯法而受到惩罚，可心里却没有悔改之意；如果施行德政，以"礼"的精神来教化引导民众，那么人人都不敢做坏事，心里时时有畏惧之感，这样社会也就可以达到稳定了。孔子在这里以对比的方法指出了"法治"与"礼治"的不同，"法治"并不能完全消除人们心理上思想上道德上的邪恶，而"礼治"却能以潜移默化的方式使人们懂得何者当为，何者不当为，用道德的力量促使他们走上正道而耻于做坏事。第二，在道德修养方面。孔子认为，一个人要真正成为有学问、有道德修养的人，学习和运用"礼"都是一个根本条件。"子曰：兴于诗，立于礼。"① 礼是立人之本，没有"礼"则在社会上无法立足，又说："君子博学于文，约之以礼，亦可以弗畔矣夫。"② 有学问的人若只在学习上下工夫而不在礼仪方面加强自身修养，同样不能达到完美的人生境界。"礼"是自立的基础，在通往理想人格的道路上，"克己复礼为仁。一日克己复礼，天下归仁焉"。"克己"从而使自己回归到"礼"所规定的范围中去，"立于礼、约于礼、归于礼"，这些都是个人道德修养时首先应该做到的，只有在这些"礼"的方面取得了独立，才能在更高层次上体现"仁"的境界，进而使个体人格得到升华。第三，在社会交往方面。孔子认为，"生，事之以礼；死，葬之以礼，祭之以礼"③。

"礼"的精神渗透在社会生活的各个方面，是一个人道德修养的重要部分，"不知礼，无以立"，这是孔子对人的最起码要求。孔子强调人们应该以"礼"待人，"居上不宽，为礼不敬，临丧不哀，吾何以观之哉？"④ 以恭敬的态度施行"礼"，上下级应该互相体谅。孔子认为"礼"作为社会交往的原则十分重要："礼之用，和为贵，先王之道。斯为美，小大由之；有所不行，知和而和，不以礼节之，亦不可行也。"⑤ "和"是和谐之意，调和两个人之间不和谐的地方，使人能和睦相处。反之，没有"礼"的约束，社会生活就会失去平衡，就容易发生一些道德失范现象。"仁"

---

① 《论语·泰伯》。
② 《论语·雍也》。
③ 《论语·学而》。
④ 《论语·八佾》。
⑤ 《论语·学而》。

的精神是求得理想人格，用"爱人""己立立人，己达达人""己所不欲，勿施于人"的理念来协调自我与他人、社会的关系。"礼"的精神是调整和规范人们之间的矛盾分歧，加强外在约束，使社会生活能够有序地进行。

孔子还说："兴于诗，立于礼，成于乐。"① 这就是说，一个人只有通过音乐才能真正完善自我，儒家文化是一种礼乐文化，它用"礼"与"乐"的相辅相成来追求秩序与和谐的统一，并以此作为社会发展的理想目标。礼乐在古代社会发挥着国家管理的功能，是社会协调发展的制度性保障。礼的功用是"经国家，定社稷，序民人，利后嗣者也"②。"礼"规定了每个人在家庭、社会、国家中必须遵守的行为规范以及应尽的义务和责任，具有社会政治法度和伦理道德规范两方面的内涵，可以用来治理国家，安定社稷。"乐"是包括音乐、诗歌、舞蹈等在内的综合艺术，是多种声音、情感、动作的和谐统一，可以抒发情感，调节性情，感化人心。"乐也者，圣人之所乐也，而可以善民心，其感人深，其移风易俗，故先王著其教焉。"③ 儒家认为，"礼"的本质是"序"，"乐"的本质是"和"。"乐者，天地之和也；礼者，天地之序也。和故百物皆化，序故群物皆别。"④ 所谓"和"，意味着和合、和谐；所谓"序"，则意味着等级、秩序。和谐与秩序是对立统一的。世间既没有一个无序而和谐的现象，也没有一个不和谐而能有序的事物。一个社会，如果一味强调有序而不注意和谐，将有走向专制的危险；反之，如果专求调和而不讲秩序，则有面临解体的隐忧。荀子在《乐论》中提出："礼和同，乐别异。"这是对礼乐的功能及其相互关系的最好注解，"礼和同"就是要求人们要按照礼制规定，贵贱有等，上下有序，各有其位，各称其事。"乐别异"则是运用诗歌、音乐、舞蹈等形式来沟通统治者和被统治者之间的思想感情，调节彼此之间的关系。礼使得社会上下有别，长幼有序，各有差等，遵循这种等

---

① 《论语·泰伯》。
② 《左传·隐约十一年》。
③ 《礼记·乐记》。
④ 同上书。

级关系,就能达到社会稳定的目标。礼的两者相辅相成,才能共同维系社会的安定与和谐。

中国古代的哲学思想博大精深,源远流长,是中华民族不竭的智慧源泉。作为一种完备的思想体系,其精髓和活力所在一直是人们关注的焦点。中国的传统哲学有着非常丰富的关于融合、和谐、和睦、和平的德治思想。在当前构建社会主义和谐社会的过程中,我们可以充分吸收中国古代哲学思想中的德治思想,尤其是儒家传统文化中的养分,为全面构建社会主义和谐社会提供有益的借鉴。

二、当代以德治国思想与构建社会主义和谐社会

以德治国是我们党在提出依法治国之后的又一重要方略。探讨以德治国方略的实践价值,对于提高我们党的构建社会主义和谐社会,具有重要的实践价值。

(一) 重视道德教化作用推动社会和谐

"以德治国"就是要通过肯定道德在治国中的重要作用,唤起国人对道德教化的重视。所谓治国,其中一个重要的内容就是要把国家社会生活中的各种关系理顺,使各种关系合于应有的规范,以便使国家、社会各项事业的发展有一个良好的社会环境。以德治国就是要通过对人的教化,把社会所需要的道德观念内化于人的心中,使人主动追求人格完善,变得高尚,在人的心中确立行为准则,培养起自我控制的能力,管住自己的行为,充分肯定和发挥道德在治国和理顺各种关系中的作用。道德与法律,在治理国家、社会的过程中都不可缺少,但是在我们国家的社会生活中,不少人只重视法律而不重视道德。造成这一现象的原因是复杂的。

一方面,犯罪必然受到惩罚,而违背道德行为虽然也会受到谴责,但不会受到惩罚。另一方面,法律是人的利益的切实保证,人们需要法律维

护自己的权益不受他人侵犯。因而人们能切实地感受到法治的必要性，法治建设容易受到人们的重视，道德建设就不那么重要了。道德虽然与每个人的生活密切相关，虽然每个人都乐于与有道德的人相处，但是一般来说道德不能为人提供巨大的利益，在大多数情况下道德提供的只是一种方便，一种帮助。这种方便、帮助是人们所需要的，但多数情况下又不是绝对必需的。对于把实际利益看得很重的人来说，道德为他提供的方便、帮助，他并不太重视。反过来，他对不讲道德的人给他带来的不方便也难以接受，但并不认真追究，因为这种不方便不是重大的伤害，追究起来也不会有什么确定的结果。从另一方面看，讲道德的本性不是为了利己，而是为了利人。而要利人，自己的利益多多少少就会有牺牲。而讲道德利人通过利别人所得到的只是灵魂的净化，人格的提升。道德观念差的人，不在乎人格的提升，只会重视实际的利益。讲道德的人使自己的利益受到些妨碍，这种事哪里会做？这两方面的因素，使得社会生活中出现了这样一种现象，即越是道德观薄弱的人，越是感受不到讲道德的必然性。在他们看来，讲道德的人都是傻瓜。一个社会里这种人多起来，蔑视道德就成了一种风气。这种风气得不到遏制，这个社会中不讲道德的人就会越来越多，跨越道德底线的人也就越多。道德底线就是法律，在这种情况下，违法犯罪的人就必然会多起来，那种劝说人们守住道德底线的良好愿望，只是一种美好的幻想。要想不冒犯道德底线，只能在提高道德水平上下功夫，"守"是守不住的。对于国家社会来说，则是要在道德教化和加强舆论监督两方面下功夫。因为道德不是靠制度维系的，道德只能靠教化、靠舆论、靠良心来维系。

（二）提高道德觉悟推动社会和谐

"以德治国"就是要充分重视和发挥道德在政治理想形成过程中的重要作用，通过提高人们的道德觉悟，促使全社会形成共同的理想信条道德而不是政治。历史证明，把道德与政治混为一谈，或是以政治取代道德都是十分危险的，其结果都必然造成政治与道德的共同衰落。但是，道德作为社会生活的重要内容，它必然与社会安危以及与社会的发展相关。这就是道德在其本性上所具有的一种向政治辐射的功能，即道德的政治功能。道德的政治功能之一，就是人们对道德理想的追求，会成为人们追求政治理想不可缺少的前提条件。换句话说，即没有道德理想的人，很难有真实的政治理想。政治理想是人的一种信仰、信念，也是一种情感。

在人的精神追求中，它处于最顶端的地位，支撑这个塔尖的基础有政治理论、生活体验，同时还有人对道德理想的追求等。人对道德理想的追求，对于每个个体的政治理想的建立，具有逻辑上和时间上的先在性。具体地说，社会主义、共产主义的理想，为人民服务的胸怀，马克思主义的世界观、人生观、价值观，是人类有史以来最崇高的理想境界。一个人只有追求崇高，追求真善美，追求完美的人格，他的内心中才可能具备与这一境界相契合、相统一的情感意志，社会主义、共产主义的理想才有可能在他的头脑中得以存在和发展。追求理想人格，就是要在道德上完善自我。而在道德上完善自我的道路只有一条，就是通过完善社会来完善自我。完善社会就是以天下为己任，把实现国家民族的兴旺发达当作自己分内的事。这样，追求那个能使国家民族兴旺发达的理想就是逻辑发展所必然了。我国老一辈革命家所走的都是这样一条道路，即从追求人格完善开始，首先建立起爱国主义的情感意志，然后又从爱国主义走向社会主义、共产主义这一政治理想之路。这条道路仍然是今天追求真善美的中国人必然要走的路。

（三）同心同德从而推动社会和谐

"以德治国"就是要重视并充分发挥道德在协调人际关系与凝聚人心方面的作用，促使全民族同心同德，齐心协力建设我们的国家。法律和道德都是用来维护正义和公平的，而正义与公平的维护有益于社会、民族的同心同德。但是由于法律和道德在解决、协调社会矛盾时所走的路径不同，二者的具体效果也有明显差别。法律一方面要惩罚邪恶，一方面要维护当事人和法律主体的正当权益。而惩罚和维护的前提是分清当事人各自的权利、利益。这个分清各自权利利益的过程,所凸现的当事人之间的权利利益的对立,不相融。由于发生主体之间利益对立,所以双方心情不同,总有一方对法律裁决的结果在内心中是不太满意的。法律能使冲突双方接受裁判,维护社会秩序,但法律难以使冲突的双方同心同德,而道德调解的机制、效果,就是另外一种样子了。道德所调解的矛盾在客观上不像法律调解的矛盾那样尖锐,在主观上,它是一种自我调解。这种自我调解的基础,是主动调解的一方对另一方的理解、宽容、同情、关心、忍让,是把眼光从小的事情转移到大的事情上,从自己的得失转移到了共同的利益上,找到彼此在利益上相融相通的地方。法律解决冲突首先要分清双方的利益,明晰利益的界限,这一过程就会使得双方情感距离扩大,使相互对立情绪加重。这使法律表现为一种冷冷的东西。而道德则是一种热乎乎的东西,能使彼此在情感上沟通,使相互关系融洽。

三、以德治国思想与构建社会主义和谐社会相互统筹、互为目的

人类社会发展必然要追求法治,但法治社会决不能等同于理想的和谐社会。从法治社会到和谐社会还有很长的路要走。和谐社会的实现,除了法治之外,更需要德治,更需要全社会的共同努力。

(一) 以德治国是社会主义和谐社会的根本体现

以德治国是社会主义和谐社会的根本体现,这是由于道德主体的权利和义务"人人为我,我为人人"决定的。

道德主体是由一个个相互联系,同生共处的"我"组成的,如果对道德的本质、特征、内部联系及发展规律进行理性思考可见,客观世界是"我"存在的必然条件,而"我"之于客观世界(社会)有着一系列的道德责任。因此道德体现了道德主体权利与义务之间的辨证统一关系。2006

年初，胡锦涛在参加全国政协十届四次会议期间就社会主义荣辱观发表了重要讲话，提出"八荣八耻"的时代新风尚。从内容上看，其实质也是在强调公民的责任与义务。权利和义务永远都是相互依存的。如果把"人人为我，我为人人"看做是权利与义务的关系，那么"我为人人"体现了作为道德个体的义务和责任，而"人人为我"则体现的是作为道德群体的义务和责任，这与我们一贯倡导的集体主义原则也是相一致的。列宁当年在提出把"人人为我，我为人人"原则变为群众生活准则时，已蕴涵了处理个人利益与集体利益关系的集体主义原则。这里的"人人"可以有两种理解：一是指社会大家庭中的每一个个人；二是指整个社会大家庭的所有人，即集体。"我为人人"要求的是我们每一个人都要以国家利益、集体利益、个人利益相统一为出发点，以集体利益高于个人利益、整体利益高于局部利益为前提，并以此标准规范个人的道德行为。而"人人为我"则要求国家、集体保障正当的个人利益并维护个人的合法权益。它意味着道德主体有权利享有别人为大家中的"我"所提供的服务、方便乃至牺牲。

胡锦涛指出："一个社会是否和谐，一个国家是否长治久安，很大程度上取决于全体社会成员的思想道德素质。没有共同的理想信念，没有良好的道德规范，是无法实现社会和谐的。"这就明确提出依法治国和以德治国都是我们治国的基本方略和国策。就依法治国而言，依法治国是和谐社会的底线，任何人不可逾越，而其更高的层面就是道德。道德是调整人与人、人与社会、人与自然之间关系的行为规范总和。道德的作用，更细致入微、潜移默化。所以，追求和谐也就成为道德特有的功能。中华民族历来是一个崇尚德治的民族，其德治教化几千年来为社会的稳定、民族的团结发挥了重要的作用。当然，中国古代的以儒家为核心的传统伦理道德是以封建制生产关系为基础的，是建立在宗法伦理等级制思想上的，与我们今天所倡导的以德治国不可同日而语。以德治国既弘扬了中国礼仪之邦的优良传统，又体现了当代中国国情。实现法治与德治相结合，是构建社会主义和谐社会的基本目标。

（二）以德治国与构建社会主义和谐社会在内涵外延上的一致性

构建社会主义和谐社会的内涵逻辑关键在于"和谐"二字。但"和谐"不是手段，而是一种价值境界的追求。① "和谐"不仅仅限于相同的事物之间，更是指在处理不同事物之间的关系时所要达到的状态和境界。而要到达这种和谐的境界，就需要协调和平衡无论是相同的事物还是不同事物之间的关系。而协调和平衡正是以德治国理论内涵所在。

另外，"和谐社会"所说的"社会"应当是大社会的概念，它既指的是政治社会，也指文化社会、经济社会，同时还指的是立于自然基础之上或处于自然基础之中的社会。② 因此，构建和谐社会的目标是要在政治、经济、文化、自然之间形成协调统一的状态。这与以德治国思想的政治、社会、自然形成平衡生态的理念具有一致性。

以德治国思想是为了实现社会的和谐发展。只有实现了人与自然的和谐，才能实现人与人的和谐，才能实现整个社会的和谐发展。

近年来随着政治经济的发展，我国进入了社会的转型期，社会上出现了许多矛盾。面对诸多矛盾，以胡锦涛为总书记的新一代领导集体提出了树立科学发展观，建立和谐社会的伟大目标。科学发展观的提出为我国实行以德治国提供了理论基础。其中的第一要义是"发展"，"树立全面、协调的发展观"，它要求坚持"以人为本"，处理好政治、经济、文化、自然与人类协调发展的问题，重视思想道德建设，推动社会主义和谐社会的发展。

---

① 蔺雪春：《大政治观：生态政治观对构建中国和谐社会的有益启示》，《晋阳学刊》2006年第2期，第21页。
② 同上。

第十五章

21世纪中国德治理论与政治实践的战略设计

展望21世纪,在市场经济条件下完善治国战略,实行以德治国,既要批判地继承我国古代优秀的德治传统精华,也要认真吸取国外治国实践过程中的惨痛教训,特别是借鉴20世纪60年代以来,发达资本主义国家积累的与市场经济相适应的德治理论与实践成就,为以德治国战略明确生长点、着力点、落脚点,在中国特色社会主义大旗下,为建设富强、民主、文明、和谐的社会主义现代化国家提供不竭动力。

一、发达资本主义国家治国战略的历史考察

资本主义既是我们超越的对象,又是我们学习的对象。考察发达资本主义国家的前进轨迹,我们会发现,在社会发展过程中留下了西方国家治国战略演进的深深痕迹,治国战略合理与否几乎与资本主义发展顺利与否同步、同构。

(一)资本主义国家治国战略的选择与重构

资本主义国家在发展过程中,在治国战略的选择上经历了曲折、痛苦和重构。前后大致可以分为两个阶段。

第一阶段,重法轻德,由于道德自身的发展不足而导致治国战略的

畸形。

　　伴随着资本主义商品经济形态、民主政治制度和个人主义价值观的确立，在经济上追求个人财富的最大化，在政治上维护和实现个人的天赋权利和绝对自由，在社会中叫嚣人的价值的独立性和不可侵犯性成为时代和社会的共识。以此为前提，从资本主义国家建立到20世纪60年代，特别是西方资本主义国家在其发展初期，资产阶级在治国战略上始终把法治放在首位，法治贯穿于社会生活的各个方面，法律成为指引国家与社会的合作，引导和保障公民自由和平等的最权威的规范，极大地推进了西方社会经济市场化、政治民主化，构建了由"经济人"缔结的契约型社会。西方的法制，强调在上帝（真理）面前有个人的隐私性，并在这个基础上建立了法律面前人人平等的观念，人人可以脱离皇帝，特权阶级及宗教教条的束缚，直接以自己的良知来面对真理，与上帝自由相交。其自由即可确立自己的道路以及人生的发展。正是因为在上帝面前，而不是在皇帝面前平等，任何个人的权利都有不受干扰的自由性，没有人可以有特权。

　　在这一时期，承继于中世纪、转型与宗教改革的基督教道德不断与资本主义社会生活相适应，逐渐融入人们的内心世界，渗透到社会生活的各个方面，成为维持当时西方社会秩序、社会道德风尚和个人道德信念的一种精神力量。但是，面对新社会，传统的宗教的作用在某种程度上已被大大削弱，适应市场经济发展的世俗化道德规范极其缺乏。应该说，西方国家的法治中也包含了德治的思想。如法律所依据的人的天赋权利规定了道德的内容和规则，道德上的善恶以是否符合法律的要求为依据，道德从理论上论证法律的合理性，把法律的外在要求变为内心的自觉要求，道德在法律无法触及的领域发挥重要作用。但是，道德更多的是为法律服务，以法律为依据，在实践上造成法律吞并道德，最终走向泛法治主义。宣扬法律至上，使法治失去道德基础，产生了严重的后果。社会伦理迷失，家庭伦理破败，个人道德虚无，整个社会陷于价值恐慌、信仰危机之中不能自拔，各种社会弊病层出不穷，对西方社会存在和发展构成严峻的挑战。"道德迷惘的一代""垮掉的一代"的现实证实并预言，精神文明的危机特别是道德价值的贫乏会葬送物质文明的发展成果、动力和保障，也将进一步威胁到西方政治文明的建设、政治统治的合法性以及政治秩序的维护和稳定。时代呼唤和要求寻找和重建"精神家园"。

第二阶段，道德回归，在继承法治传统的同时，道德在变革中彰显治国效能。

严重的社会危机使西方主要发达国家痛定思痛，重视道德的教育和治理功能渐成潮流。到了20世纪60年代末70年代初，出现了道德教育回归学校和社会的趋势。这一时期，西方发达国家吸取德治环节极其薄弱带来的惨痛教训，比较重视由政府和政党来推行道德建设，特别是注重加强学校的德育工作，构建与资本主义市场经济相一致的道德规范，从源头上培养与资本主义发展相适应的"道德人"。

第一，西方各主要发达国家在教育改革中把德育改革提高到关系到国家命运的高度来认识。美国前总统乔治·布什在他的《重视优等教育》一文中指出，学校不能仅仅发展学生智力，智力加品德才是教育的目的。他还强调，"必须把道德价值观的培养和家庭参与重新纳入教育计划"。

第二，道德教育放在学校教育的首位。例如，美国先后制定了"品德计分计划"和"华盛顿品德教育伙伴计划"。在这些计划中，计划的制定人认为，要把道德教育的重点放在诸如敬重他人和履行公民的权利及义务这样一些公民道德问题上。

第三，成立道德教育研究机构和道德教育实验室。如在60年代后期，美国把对大学生的伦理道德、道德心理分析研究，作为社会科学研究的第1号项目来规划。巨大的社会关注和投入，使当代西方学者在对道德教育现象进行微观研究时提出了许多道德教育理论，如柯尔伯格的道德认知发展阶段理论，拉思斯等人的价值澄清道德教育理论，班杜拉的社会学习道德教育理论，罗杰斯、马斯洛等人为代表的人本主义道德教育理论，卡洛·吉莉根的关爱理论，杜威实用主义德育理论等。这些理论不仅从不同角度不同方面提出了道德教育的基本原理，而且还设计出具体的操作模式，加强了德育应对具体社会问题的能力。

第四，伦理道德课成为各大学本科生课程体系的重要组成部分。如行政伦理学、生命伦理学、医学伦理学、法律伦理学、经济伦理学、新闻伦理学等成为相关专业必修的课程。还有一些国家采取道德立法，把一些道德准则和要求用立法的形式确定下来，使道德规范能够在国家强制力的保证下对人们的行为起到更好的调节作用。

（二）发达资本主义国家治国战略嬗变的历史反思

资本主义制度建立以来，其内部的改革和完善是从来没有间断过的。正是通过不断的自我否定，积极应对外在否定，发达资本主义国家在治国战略上实现了长足的进步，这为西方社会持续稳定发展增加了筹码。反思发达国家治国战略转变的原因，对于走追赶型现代化道路的国家，特别是市场经济条件的中国具有现实意义。

1. 市场经济规则的非理性的恶性蔓延

西方伦理道德思想的形成与发展，根源于资本主义商品经济的产生和发展，在一定程度上它与资本主义法治思想相配合，促进了资本主义的经济繁荣和社会稳定。但是，以私有制为基础的西方社会，市场决定资本到财富的转变，因此市场经济游戏规则也顺理成章地成为政治、社会、思想等领域支配性原则。市场主体追求各自的理性，个体"经济人"追求各自的经济利益，造成社会整体上的不经济、不理性，并在向社会深处侵略。这种个人主义在西方伦理道德思想主张个性的伦理价值观，强调个人的自主自立，强调自己选择、自己决定、自己设计和自己创造的生存方式。这种价值观促进了西方的思想启蒙和市场发育，使竞争、冒险等成为西方资产阶级伦理道德中的突出因素。但是这种伦理价值观在经济生活中过分强调个人经济行为自由，反对政府的干预，这种观点发展到后来使得道德规范日益被市场规则所俘虏、奴役和吞并，最终受伤的是市场，受害的是市场经济主体，以及在此基础上建立起来的资本主义大厦，是造成资本主义社会许多弊病的重要根源。

2. 个人价值的过分张扬葬送社会价值

马克思主义认为，人类历史的发展是"人民群众合力"的结果。每个人对社会的发展都作出了贡献。但在个人主义指导下，发达资本主义国家政府、团体和个人往往倡导价值中立,不干预私人领域,个人完全以自我为中心,以自我的感受和快乐为价值。政府和社会团体在价值导向上的严重缺位,导致个人在过分张扬自我中迷失了自我,从而也造成了整个社会缺乏长期发展的动力支持。据美国有关部门的调查统计,美国大多数研究生入学的主要动机是赚钱发财,扬名天下,统治他人,而贡献社会、治理环境污染、改善种族关系等关系社会发展的社会价值被关注的却寥寥无几。事实证明,社会的发展有赖于每个公民的积极进取,但社会的发展更离不开社会对发展特别是人的发展的设计和规划,政府必须构建合理的社会价值体系,积极引导个体的价值选择和追求,因为个体价值本来就应体现社会价值的追求,社会价值本来就应为实现个人价值服务和"掌舵"。

3. 道德相对主义引发道德虚无主义

道德作为一种"必要的恶",作为价值追求,是一种规范,是对人们某些需要欲望目的的压抑。而个人主义认为"人的价值观念是自身内在的一种内在价值,这种内在价值源于个体经验,而不同的个体有不同的经验,不同的经验则产生不同的价值观",因此"每个人都有自己独特的价值观,每个人的价值观对于自己来说都有其自身的合理性"[①]。人们处于充满冲突的价值观的社会中,而现实社会中根本没有一套公认的道德原则或价值观。尤其是19世纪末20世纪初,资本主义市场经济对于市场主体自由、价值单方面的强调,进一步使个人主义思潮走向极端。道德相对主义的极端膨胀,必然使个体把认同和遵守的道德原则和道德规范的判断标准完全建立于个人的喜好和感受之上;道德规范对于人们行为的规范和引导作用在很大程度上被否定,导致道德虚无主义。这样,道德教育的治国作用很大程度上被否定。

4. 法律是手段,离不开对价值追求

源于"文艺复兴时期"的人文主义,独特的理性文化传统及商品经济是西方法治最基本的成因。法治确实有其内在的价值。首先是它的公正性。法律是超越于个体与团体之上的客观的行为准则,它为人们提供了一

---

① 李红、雷开春:《论学校德育中的价值观澄清问题》,《宁波大学学报》(教育科学版)1999年第8期。

个确定不移的准则,从而排斥了人为的、偶然因素的干扰。其次是它的普世性。在法律面前,所有人一律平等。再次是它的有效性。法律以国家暴力为物质后盾,作为人们的行为准则,它既为人们维护和实现个人天赋权利的行为提供了一个明确标准,又为评判人们行为提供了一个明确参照。但是西方的法治也有其缺点,概括起来就是两个方面。其一是它的表面性。法律作为社会控制的唯一手段,它建立的只是一个单面的漏洞百出的社会控制体系,抽去了法治的道德基础和情理因素,僵硬的法规强制性使社会控制缺乏深度,对一个有血有肉、丰富多彩的社会来说是远远不够的,其直接的结果必然是治标不治本、治身不治心。其二是缺乏人文关怀。由于法律的客观性和唯一性,把人的行为诉诸僵硬的法律,排斥社会生活中最基本、最朴素的生活情理的作用,造成许多合法不合理的现象,使社会对一般的道德生活丧失了干预能力,甚至可能使违法者逍遥法外。事实证明,法律可以提醒人的理性,却不能代替理性;法律可以规范人们的实现价值的行为,却不能成为更不能代替价值。实际上,道德是立法的基础,道德是执法的基础,道德是守法的基础。① 重要和基本的道德规范是法律规范的主要来源之一。先进的道德规范是法律规范要达成价值目标之一,良好的道德规范是评价法律规范善恶的主要标准之一。

从学理上讲,在实在法中,法律只是一个科学实证、社会技术、具体的规范体系问题,而不是一个价值问题,是一种工具性存在。"然而,法律首先不是技术性、实证性、工具性的存在,从逻辑上讲,它首先是一种价值性存在,从根本上说,是服务于人类趋利避害的本能和要求。于是,才能把握法规之本质。"如果没有了这种价值追求,"法律规范就不能内在化进而落实到行动之中,主体的自由和社会的强制这一现代法的矛盾就会显示出来,并造成精神上的不安;在这种情况下法的效力只有仰仗强制命令才能维持,从而导致现代法治的基本原则名存实亡。法律不仅要研究'实际上是这样的法律',而且应关注'应当是这样的法律',以回答法律

---

① 郝铁川:《依法治国需要以德治国为基础》,《人民日报》2001年2月21日第九版。

作为社会工具的'何以存在'的价值问题"①。

5. 宗教教规不能代替道德价值体系的建构

在西方各主要发达国家，历来重视以拯救灵魂和培养良好行为为目的宗教教育，并把它看作为国家道德教育、伦理原则和价值取向的基础。但是，伴随着宗教改革和资本主义制度的建立，教派间的冲突，特别是科学的发展使人们对长期宗教禁锢及其道德观产生了怀疑、批评甚至否定，这大大压缩宗教的活动空间，宗教的教育和治理功能也被削弱。与此同时，市场经济的发展、民主政治的构建又迫切要求新的世俗道德规范的介入。与此相反，学校道德教育、社会道德致力于引导却被西方国家所忽视以至走向衰弱。传统宗教道德价值观念的崩溃和衰落，新的道德价值观念不能自觉产生。即使局部已经萌芽，但还没有发展到旧的道德观念体系在那个时代所具有的权威性，因此与经济发展形成鲜明对照的是人们的道德素质普遍下降，道德滑坡，道德堕落。可见，仅仅依靠已有的道德规范，不积极主动地构建新型的、多元的世俗化的道德价值体系，是西方道德难以发挥作用的重要原因。同时，宗教所提倡的往往是一种消极的、甚至是寄托于来世的价值观，这与社会发展的需要是有差距的。而只有构建积极的价值观、新的道德规范，才能满足社会快速发展对支撑性价值观提出的诉求。

总之，西方发达国家之所以出现道德危机，虽然有各种各样的原因，但它更有着深刻根源于资本主义生产方式的价值原因。那就是对于个人主义价值观的固执，按照自己的意愿越走越远，因而把维护个人权利的法律以及法治看得极其神圣，用个人主义裁剪现实的一切，否定道德规范的作用，最终走向道德虚无主义，在治国战略上则表现为泛法治主义。

当前，世界上大部分国家都在强调法治，视法律为治国的最高原则，同时也纷纷讲求道德的作用。法律与道德既相互渗透，相互配合发挥作用，又充分发挥各自优势，使人们的日常行为有规可循，有法可依。我国实行依法治国与以德治国相结合的治国方略是对古今中外治国经验的科学

---

① 董红亚：《论道德与法律的三重关系》，《中共浙江省委党校学报》2002年第1期，第83页。

总结，但在本质和内容上不同于过去的模式，新的时代和新的实践要求我们要勇于超越和大胆创新。

二、市场经济条件下中国治国战略面临的历史性挑战

"以德治国"作为一项复杂的治国育人的社会系统工程，它的实现是复杂的理论难题，也是一个切实的实践难题。我们党成为执政党以后，对治国方略的认识和把握有一个深化过程。新中国成立之初，我们党就在治国安邦方面进行了一系列卓有成效的探索，并于1954年制定了我国第一部宪法，为依法治国奠定了基础。同时，十分注意用革命理想、高尚道德和社会主义价值观教育和引领人民。党的十一届三中全会后，建设中国特色社会主义的新形势，需要构建新的治国方略。邓小平在改革开放之初从发展就是硬道理出发，提出"两个文明一起抓"：一方面要求探索将道德建设与法制建设相结合，认为"这是我们必须尽快学会处理的新课题"，另一方面又强调要培养"四有"新人，要"用法律和教育这两个手段来解决这个问题"。以江泽民为核心的党的第三代领导集体，在我国改革开放不断深化的进程中，非常重视开创国家治理的新局面，明确提出"依法治国"的方针，把它确立为治理国家的基本方略。而"以德治国"思想的提出，特别是强调将依法治国和以德治国紧密结合起来，把政治文明建设和精神文明建设相结合，标志着我们党和政府治理国家的基本方略进一步走向成熟和完善。

21世纪头20年是中国发展的重要战略机遇期，能否绕过"拉美效应"的险滩，能否突破政治体制改革的难关，能否实现社会整合与和谐，能否实现社会主义意识形态和主流价值观的社会认同与践行，在21世纪中叶实现中国的现代化梦想，这使党和国家的以德治国战略面对更加严峻的考验和挑战。

（1）在完善社会主义市场经济的同时，能否把道德进一步融入市场并上升为市场规则，把经济法治化和经济道德化结合起来？

（2）在建设社会主义民主政治的同时，能否把公正、人道与平等、自由统一起来，把政治民主化和治理道德化的追求结合起来？

（3）在建设社会主义文化的过程中，能否把社会主义核心价值体系真正建设成为社会主义意识形态的核心和导向，使社会主义道德成为越来越多的中国人的自觉的行为规范？

（4）在建设社会主义和谐社会的过程中，能否充分发挥道德的教育功能，把人的道德进步和人与人、人与自然、人与社会的和谐统一起来，实现人的发展和社会发展的统一？

三、21世纪中国德治理论与实践的战略设计

"德治作为治理多元事实或社会控制多元格局的一种力量和存在形态，在事实上是一种社会人文价值观的历史积淀，是一种战略性治理而不仅仅是一种一事一治、一时一管的战术性治理。对一个国家来说，任何忽略战略性治理理念的战术治理，其效果虽任务式地管住了某些非常具体的一时一事，却模糊了社会发展的总体目标，失却了社会发展的终极关怀。"[①]

面对21世纪的挑战，中国共产党和中国人民政府在治国理念和基本方略上应该明确立足什么平台，寻找什么动力，传播什么内容，凭借什么载体，通过什么结构，做好战略设计，谋划中国未来几十年甚至上百年的全面发展。

（一）德法共治，构建动态的治国战略结构

历史事实已经昭示，德治只有和良法相结合，才能真正发挥其治国的功能。因此，我国现阶段强调的德治是以法律为依托，是法治条件下的德治而不是"人治"状态下的德治，同依法治国战略构成治国战略的统一

---

① 罗传芳：《以德治国：路径·功能·框架》，《哲学研究》2004年第12期。

体。当前,处理好法律与道德的衔接与配套,摆正法律和道德在治国战略中位置,实现道德与法律的整合,相互促进,是建构转型时期中国社会秩序的必由之路。

自 20 世纪初以来,在追求现代化道路过程中,尤其是三十多年改革开放的不懈奋斗,中国法治化之路虽然曲折,但法治的地位和作用已经得到了人们的认同,在社会生活的各个方面日益发挥着无可替代的作用。但是,我国的道德建设却没有跟上时代的步伐,传统美德的基本精神在流失,道德观念在淡化,社会风尚、人际关系趋向庸俗化、功利化,我们似乎从轻法治、重德治的极端,滑向重法治、轻德治的另一极端,资本主义在道德建设上的覆辙有可能在中国重演。实现中国复兴的大任,在呼唤合理的治国战略结构。事实证明,法律不是万能的,也不是唯一的治国手段。强调"以德治国",绝不是也决不能过分地夸大道德的社会作用,把道德说成是"万能"的。从历史和长远发展的角度看,利益矛盾虽可由法律来规范、调整,但法律却无法从源头上予以预防和消除。与之相比,道德建设则更为根本。因此,孔子说,"道之以政,齐之以刑,民免而无耻;道之以德,齐之以礼,有耻且格"①。

可见,从理性出发,法治与德治相比,应以德治为主体,以法治为补充,德里法表、德本法从、德柔法刚的价值取向才是社会全面进步的真正持久动力。从当前中国国情来看,法律不健全,法制化水平低,经济、政治、文化、社会缺乏制度保障。因此,从实践层面来看,"法先德从"是治国战略第一阶段,甚至可以把某些道德规范法规化,以增强道德发挥作用的力度和可能性。向第二阶段法德并举演进、过渡,需要相当长的一段时间。可以期待,随着法律和道德的结构体系不断健全和完善,人们的自觉程度极大提高,道德的作用将逐渐凸显,最终将回归到以德治国为本、依法治国为辅的发展轨道上来,形成有中国特色的社会主义依法治国与以德治国相结合的制度和模式,直到法律退出历史舞台,共产主义道德规范成为人的全面发展的选择和保障。

---

① 《论语·为政》。

(二) 立足市场，构建全方位的利益调节机制

"任何一种经济制度都需要一套规律，需要一种意识形态来为它辩护，并且需要一种个人的良知促使他去努力实践它们。"① 改革开放以来，中国经济体制的转型，引发了政治体制、社会结构、文化体制转型和变革，也进一步导致了传统利益结构的解体和利益矛盾的多发，给中国的道德建设提出了问题也提供了发展的动力。完善利益调节机制，不仅是市场经济发展的必须，也是中国社会和谐发展的保障。

经济活动中始终存在着道德和利益的关系，义和利孰重孰轻，个体利益和整体利益谁先谁后是市场主体时刻要面对和回答的问题。德国著名学者马克斯·韦伯曾说过："在发展市场经济的同时，缺乏与之相呼应的文化精神力量是不行的，缺乏与之相适应的伦理道德是不行的。"因此，市场经济是法治经济，更是道德经济。市场法规的制定要遵循道德原则，市场经济的契约和法规的遵守和执行要以人们的道德共识、道德认同和道德素养为前提，所以道德对于市场经济活动有选择功能、评判功能、调试功能和支撑功能。道德是现代市场经济健康运行的内在要求和本质属性，是保证市场经济正常运作的最基本的调控力量。

道德作为利益调节机制，应该与市场调节机制、政府调节机制、社会组织调节机制有机结合，进而造成刚性的法律和柔性的道德的统一，达成外在约束和内在自觉的统一，追求国家利益、团体利益、个人利益的共赢。构建这样一种全方位的利益调节机制，才能应对当前中国利益主体多元化、利益意识觉醒、利益的排他性、人际关系的商品化等复杂情况。

(三) 一主多元，构建立体的新道德格局

"以德治国"的首要问题是"德"的内容，即以什么样的"德"来塑

---

① [美] 罗滨逊：《现代经济学导论》，陈彪如译，商务印书馆1962年版，第5页。

造人，来管理事。这也是我们进行思想道德教育的先决条件。多数学者认为，以德治国的"德"的内涵，不应仅限于道德的范围，而应从更广意义上理解。它是以社会主义核心价值体系为主体，与社会主义市场经济相适应，与社会主义法律规范相协调，与中华民族传统美德相承接的多层次、多样性的思想道德体系。

当前，传统道德赖以存在和发挥功能的社会条件和生活形态已变迁，传统道德总体上失去了存在的条件和合理性。现代社会需要的是一种新型的道德，其内容既要立足于社会主义初级阶段的中国国情，又要始终坚持马克思主义道德观方向。中国道德建设处于传统道德形亡而神在，现代道德形立而神虚的新旧矛盾交叉时期。以儒家伦理道德为代表的传统道德理论，作为五千年的文明智慧结晶，不会随着时间的推移完全丧失其合理性，它渗透的深邃的人伦智慧，包含着宏大的人文精神，体现了中华民族的传统美德，具有世界性、人类性的意义。面对它不是一个简单抛弃的问题，而是要如何加以调理，寻找传统与现代的结合点、转换点和生长点，形成新的合理的文化合力的问题。改革开放以来，世界性的各种精神资源在开放沟通中进入中国，中国正处在东西方文明汇集交融的地带。我们应充分利用这些有利条件，汲取中国传统道德的精华，整合西方现代道德的有益元素，学习其在构建适应市场经济需要的道德规范过程中的成功经验，以及对人类的发展具有普适性的先进道德规范。在多元道德文化互动中，以德治国应以社会主义核心价值体系为精髓和导向，以《公民道德建设实施纲要》提出的"爱国守法、明礼诚信、团结友善、勤俭自强、敬业奉献"的道德要求为基础和底线，又有多种合理的道德原则和规范并存的一主多元、立体的道德内容体系。这种新型道德从内容来看强调的是思想和道德的结合，不是单纯的道德理论，而是超出了道德本身的要求。从结构来看，在国家管理过程中，既强调崇高的远大理想和坚定的信念，又注重公民最基本的道德要求和规范；对市场经济条件下不同社会阶层、社会职业的人们既提出共同的理想和道德要求，又注重理想和道德的具体针对性和层次上的不同要求。这就克服了传统德治观只局限于道德领域，对全社会一般性地提出道德规范和要求，使德治简单化，缺乏具体的针对性的弊病。这种新道德格局更适应当前中国的多元化社会结构。

(四) 齐抓共管，构建全天候的德育网络

以德治国对人的道德自律提出了很高的要求。而道德作为一种必要的恶，往往表现为他律。如何使人们认同社会主义道德规范，自觉地把外在的道德规范内化为自己的道德理想和追求，并用以指导自己的道德实践，这就要求我们把道德教育摆在基础的地位。人是有思想、有选择的能动主体，不断地同外部环境进行着信息的交流，因此道德教育不能单打一，不能单纯地强调和迷信道德灌输。应该加强道德渗透，从德育环境出发，构建包括家庭、学校、企事业单位、社会、媒体、互联网等在内的道德教育网络，使道德教育客体时刻处在优良道德的熏陶和感染之下，使优良道德全天候地渗透到人民的道德心理、道德情感、道德意志中去，将建设有中国特色社会主义的思想道德观念和客观要求不断灌注到全体公民的头脑中，"以德治国"才能得到真正地贯彻与落实。

(五) 党政垂范，构建整合型德治主客体结构

社会主义制度是以人为本的制度，是人民当家作主的社会。因此，德治的首要任务是"治官""治党"而不是治民。坚持以德治国，关键在党，首先在党的各级领导干部，认真贯彻治国必先治党，治党务必从严的原则，提高党坚持依法治国和以德治国相结合治国方略的素质和能力。在我国，作为领导党，中国共产党的先进性也内含着道德内容。党是整个社会的道德表率，党的各级领导干部又是全党的表率。作为执政党，在立法过程中，党应该大公无私，凝聚全体中国人民的意志并使之上升为法律，使之代表最广大中国人民的利益而不是少数人甚至是党派的利益，这才是良法。在执法过程中，党和政府应公正、人道地行使权力，严格规范执法者的自由裁量权。在守法过程中党和政府应在宪法与法律的范围内活动，自觉自愿地履行义务，把道德规范和法律一样对待，自觉遵守。实践表

明，没有党员、特别是党员领导干部的以身作则、率先垂范，法治和德治是很难实现的。为此，学界认为应从以下几个方面着手。其一，转变观念，把"官德"界定为一种"角色道德"。① 树立角色意识，承担角色责任。当官不是为了养家糊口，而是为人民服务。其二，制定官员道德规范，并使之上升为法律规范，加强行政伦理建设和教育，实现官员权利与道德义务的统一，用道德防治权力的腐蚀性，增加官员腐败的道德成本。其三，建立德绩考评机制，把道德能力和表现作为党政人员升迁的重要依据，真正做到德才兼备，德才并重，使广大党员、特别是党员领导干部站在代表先进文化前进方向的高度，成为遵守社会主义法律和实践社会主义道德的表率，成为法治和德治相结合的有力推动者。同时，要重视运用先进典型影响和带动群众，让群众感到他们可亲可敬、可学可信。其四，要注重提高党员、特别是党员领导干部的政治素质与法律、道德修养，提高其坚持依法治国和以德治国相结合治国方略的素质和能力。

当代世界各国治理的实践表明，与传统统治这种控制型治理不同，现代治理则是一种整合型治理，即以政治国家与公民社会为治理主体。在以德治国中，"道德的管理功能与法律法规以及其他制度的管理功能不同，其管理的主体不是国家、不是社会，而是道德主体自己，就是自己要管好自己，使自己的行为合于社会公认的道德规范"②。当然，道德的管理手段中也包括社会的舆论，包括道德监督。但这种外在的力最终还是要通过道德主体的内心信念起作用，也还是要落脚在自我管理上。公民道德建设，要靠教育，也要靠法律、政策和规章制度，更要靠公民的内在自觉追求。因此，在以德治国的过程中，人民群众应积极发挥主体的作用，不应该以客体自居。政党、政府与公民的关系不再是传统意义上的领导与被领导，管理与被管理，统治与被统治，而应是一种友好合作、平等交流、相互激励的关系。在这个意义上说，德治在本质上指的是政治国家与公民社会之间以信任、互惠和合作为价值理念的责任制衡关系，它既有利于公民

---

① 曹清燕：《"以德治国"重在"官德"建设》，《学术交流与动态》2004年第4期，第45页。
② 陈升：《对以德治国的含义及其学理的探讨》，《道德与文明》2001年第5期，第4页。

参与的程序化，又调动了公民参与的主动性。这种上下互动，主客互励的整合型结构将真正把以德治国引向应然之地。

人类社会发展表明，"如果只讲物质利益，只讲金钱，不讲理想，不讲道德，人们就会失去共同的奋斗目标，失去行为的正确规范。"[①] "以德治国"战略，正是站在人类社会和人的全面发展的高度，审视人类社会的发展的动力因素，是为把中国特色的社会主义推向前进而作出的重大战略决策。当前的首要任务，是真正把这一思想落到实处，使之与"依法治国"相辅相成，在建设有中国特色社会主义的事业中，特别是在我们党代表的先进文化的建设事业中，促进全民族思想道德素质的不断提高，为我国经济发展和社会进步提供强大的精神动力！

伴随着世界经济一体化、政治多极化趋势的发展，地球上的两种社会制度既加强了联系合作，又不约而同地更加注意保持、巩固、发展和彰显各自的制度特色、民族特色。开放的中国正在以博大的胸怀海纳整个人类所创造的治国、理政的成功经验；发展中的社会主义正在以发展的眼光看待资本主义国家发展中的治国良策与战果；崛起中的社会主义中国正在以超越的精神谋划着中国特色社会主义治国战略和宏伟蓝图！

---

① 江泽民：《在中国共产党成立80周年大会上的讲话》。

参考文献

一、古代文献与论著

1. 古代文献及注译

[1]《孝经》,中华书局 1999 年版。

[2](西汉)司马迁:《史记》,中华书局 1982 年版。

[3](东汉)班固:《汉书》,中华书局 1982 年版。

[4](唐)杜佑:《通典》,文渊阁四库本。

[5](后晋)刘昫:《旧唐书》,中华书局 1987 年版。

[6](刘宋)范晔:《后汉书》,中华书局 2000 年版。

[7](宋)朱熹:《四书章句集注》,齐鲁书社 1992 年版。

[8](宋)司马光:《资治通鉴》,上海古籍出版社 1987 年版。

[9](宋)朱熹:《朱子语类》,武汉大学出版社 1997 年版。

[10] 顾宝田、洪译湖:《尚书译注》,河南大学出版社 2008 年版。

[11] 杨伯峻:《论语译注》,中华书局 1980 年版。

[12] 高亨:《诗经今注》,上海古籍出版社 1980 年版。

[13] 杨伯峻:《孟子译注》,中华书局 1984 年版。

[14] 王先谦:《荀子集解》,《诸子集成》本,上海书店 1986 年影印。

[15] 陈鼓应:《老子注译及评介》,中华书局 1984 年版。

[16] 钱玄等注译:《礼记》,岳麓书社。

2. 有关古代的论著

[1] 梁启超:《论公德》,中州古籍出版社 1998 年版。

[2] 梁漱溟:《东西方文化及其哲学》,《梁漱溟全集》第 1 卷,山东人民出版社 1989 年版。

[3] 金景芳、吕绍纲:《〈尚书·虞夏书〉新解》,辽宁古籍出版社 1996 年版。

[4] 吴楚材：《古文观止》，中华书局1959年版。

[5] 刘泽华、葛荃：《中国古代政治思想史》（修订本），南开大学出版社2001年版。

[6] 丁小萍：《中国古代政治智慧》，浙江大学出版社2005年版。

[7] 关连芳：《浅析唐太宗的"以德治国"》，《哈尔滨学院学报》，2007年第4期。

[8] 张李军：《"孝"是传统德治的重要实践途径》，《红河学院学报》，2006年第1期。

[9] 吴龙辉：《原始儒家考述》，中国社会科学出版社1996年版。

二、现代文献

1. 著作

[1] 《马克思恩格斯选集》（第1~4卷），人民出版社1995年版。

[2] 《毛泽东选集》（第1~4卷），人民出版社1993年版。

[3] 《毛泽东文集》（第1~6卷），人民出版社1999年版。

[4] 《邓小平文选》（第1~3卷），人民出版社1994年版。

[5] 《江泽民文选》（第3卷），人民出版社2006年版。

[6] 《毛泽东邓小平江泽民论世界观人生观价值观》，人民出版社1997年版。

[7] 《十六届中纪委第三次全体会议　胡锦涛发表重要讲话》，《人民日报》2004年1月13日。

[8] 胡锦涛：《高举中国特色社会主义伟大旗帜　为夺取全面建设小康社会新胜利而奋斗》，人民出版社2007年版。

[9] 《中共中央关于构建社会主义和谐社会若干重大问题的决定》单行本，人民出版社2006年版。

[10] 《建设社会主义核心价值体系》，《人民日报》2007年10月19日。

[11] 《从严治党十讲》，红旗出版社2000年版。

[12] 王德峰：《论中国国民之品格》，《解放军报》2007年10月25日。

[13] 陈建新：《法德兼治论》，人民日报出版社2001年版。

[14] 公丕祥：《法制现代化的理论逻辑》，中国政法大学出版社1999年版。

[15] 李君如：《社会主义和谐社会论》，人民出版社2005年版。

[16] 焦国成：《德治中国》，中共中央党校出版社2002年版。

[17] 陈坚、栾传大、詹万生：《中华民族传统美德教育概论》，吉林文史出版社1995年版。

[18] 中国思想政治工作研究会：《中国人的美德：仁义礼智信》，中国人民大学出版社2006年版。

[19] 程凯华：《中华传统美德》，湖南教育出版社 2005 年版。

[20] 许起贤主编：《职业道德》，北京蓝天出版社 2001 年 1 版。

[21] 王绍臣主编：《马克思主义哲学原理》，高等教育出版社 2003 年 1 版。

2. 论文

[1] 蔺雪春：《大政治观：生态政治观对构建中国和谐社会的有益启示》，《晋阳学刊》2006 年第 2 期。

[2] 孙莉：《德治与法治的正当性分析》，《中国社会科学》2002 年第 6 期。

[3] 常士訚：《中国传统政治文化与当代民主》，《中共福建省委党报》2005 年第 4 期。

[4] 温晓莉：《实践哲学视野中的"法治"与"德治"》，《法学》2003 年第 6 期。

[5] 陈永森：《儒家的民本思想与王权主义》，《江西社会科学》2001 年第 8 期。

[6] 李伟：《试论"八荣八耻"与青年思想道德建设》，《中国青年研究》2006 年第 11 期。

[7] 张飞燕：《未成年人思想道德教育网络的优化》，《中国青年研究》2006 年第 2 期。

[8] 陶岩平：《〈尚书〉中的道德观》，《常州工学院学报》2007 年第 4 期。

[9] 韦前：《和谐社会思想：从传统到现代的超越》，《学术研究》2005 年第 1 期。

[10] 夏金艳：《儒家德育思想对当前德育的借鉴意义》，《重庆工学院学报》2006 年第 3 期。

[11] 沈壮海：《论家庭美德建设的重要性与紧迫性》，《武汉大学学报》（哲学社会科学版）1998 年第 3 期。

[12] 张云英、郭秀云：《论毛泽东的德治思想》，《湖南农业大学学报》2001 年。

[13] 曾瑞明：《论毛泽东的德治意识》，《华北水利水电学院学报》2003 年。

[14] 龚平：《毛泽东的德治思想与新时期干部道德教育》，《毛泽东思想研究》2004 年。

[15] 鲁宽民：《论毛泽东德治思想的理论构成》，《毛泽东思想研究》2005 年。

[16] 张丹荣：《试论毛泽东的德治思想》，《山西经济管理干部学院学报》2002 年。

[17] 鲁宽民等：《论毛泽东德治思想》，《思想政治教育研究》2004 年。

[18] 石国亮：《道德能力：构建和谐社会的基石》，《中国教育报》2005 年第 5 期。

[19] 张天蔚等：《危德、官德、商德、网德……新北京呼唤新道德》，《北京青年报》2003 年 9 月 20 日。